知的生きかた文庫

46億年の地球史

田近英一

三笠書房

はじめに

最近、地球の様子が少しおかしいのではないか、という声をよく聞きます。確かに、夏になると、〝災害級の暑さ〟が続き、これまで経験したことのない大雨や大洪水で被害が生じたり、大型台風がくり返しやってきたりするようになりました。そうかと思えば、夏なのに雪が降ったり、冬なのに真夏日になったりといったニュースが、日本や世界で話題になります。これらは、やはり地球温暖化の影響なのでしょうか。

人間活動に起因した地球温暖化は、間違いなく進行しています。北極海の海氷面積が減少していることは、その顕著な現れといえます。最近見られる異常気象の一部は自然変動によるものかもしれませんが、一部は地球温暖化に伴うものかもしれません。温暖化は今後ますます進行し、その影響はさらに顕在化するでしょう。

一方で、自然は常に変動しています。地球環境は、あらゆる時間スケールで変動してきたことが、地質記録から明らかになっています。とりわけ、長い地球の歴史においては、非常に大規模な地球環境変動がいろいろ生じてきました。例えば、地球全体が凍りついてしまったスノーボールアース・イベント、マントル深部から上昇してきた熱いプルームが地殻《ちかく》を突き破って大量の溶岩を噴出した巨大噴火イベント、小惑星が地球に衝突した天体衝突イベントなどです。現在の地球しか知らない私たちからは想像を絶するものばかりです。

これらの地球環境変動によって、生物は大きな影響を受けてきました。とりわけ、大規模な変動が生じると、多くの生物種が同時に絶滅する大量絶滅イベントが引き起こされます。破局的な地球環境変動は、生物の生存にとって大きな脅威です。

その一方で、逆に、生物の活動が地球環境に影響を与えてきた事実もあります。現代の地球温暖化もその一例といえますが、もっと顕著な例が大気中の酸素です。もともと地球大気には酸素が含まれていませんでしたが、光合成生物の出現によって、大気中の酸素濃度が上昇して主成分を占めるまでになりました。これは地球環境の最も劇的な変化だったといえます。私たちは酸素がなければ生きていけませんが、逆に酸素があると死んでしまう生物がたくさんいるからです。そもそも生物は酸素がない環境で誕生したわけですが、生物は酸素に富む環境を自らつくりだし、その新しい環境に適応進化してきたことになります。地球環境と生物は、お互いに影響しあって進化してきたのです。そう考えてみると、地球環境と生物の見方が少し変わるかもしれません。

本書は、地球が誕生した約46億年前から現在にいたる地球と生命の進化に関する最新の知見をまとめたものです。地球史に関する理解は、新たな発見の報告によって日々進展しています。それにもかかわらず、まだ不完全で分からないことばかりです。当然、新しい情報ほど多く残っているため、地球史の解説書はどうしても現在に近い時代ほど詳しくなってしまいます。まるで対数目盛で地球史を眺めることになりがちです。もちろん、それはそれで、現在の地球の理解に直接つながるという意味で重要です。しかし、時間の流れは一定であるにもかかわらず、重心があまりにも最近の出来事に置かれすぎると、偏った歴史観が形成されてしまうことを危惧します。

本書では、なるべく各時代のバランスにも配慮するようにしました。それぞれの時代はそれぞれ固有の出来事が生じるような固有の状況にあり、どの時代もそれぞれに重要です。そして、そうした時間の流れや出来事の積み重ねの上に、現在の地球やこれからの地球があるのです。それが地球の「進化」ということでもあります。

本書を通じて、読者の皆さんにとって新しい地球史観や生命史観が形づくられるような驚きや発見があることを願っています。

田近 英一

目次

第1章 形成期の地球 〜太陽系と地球の誕生〜

第2章 冥王代の地球 〜初期地球環境と生命の起源〜

第3章 太古代の地球 ～地球史前半の環境と生命～

第4章 原生代の地球 〜地球環境の大激変〜

第5章 顕生代の地球① 〜動物の進化と絶滅〜

第6章

顕生代の地球②
～恐竜の繁栄と絶滅～

第7章

第四紀の地球
～ヒトの誕生から現在の地球へ～

終章 これからの地球 ～人類と惑星地球の未来～

編集協力　有限会社ヴュー企画
本文デザイン・DTP　菅野祥恵（株式会社ウエイド）
本文イラスト　渡辺信吾（株式会社ウエイド）
本文図版　原田鎮郎（株式会社ウエイド）

序章

惑星地球の進化史

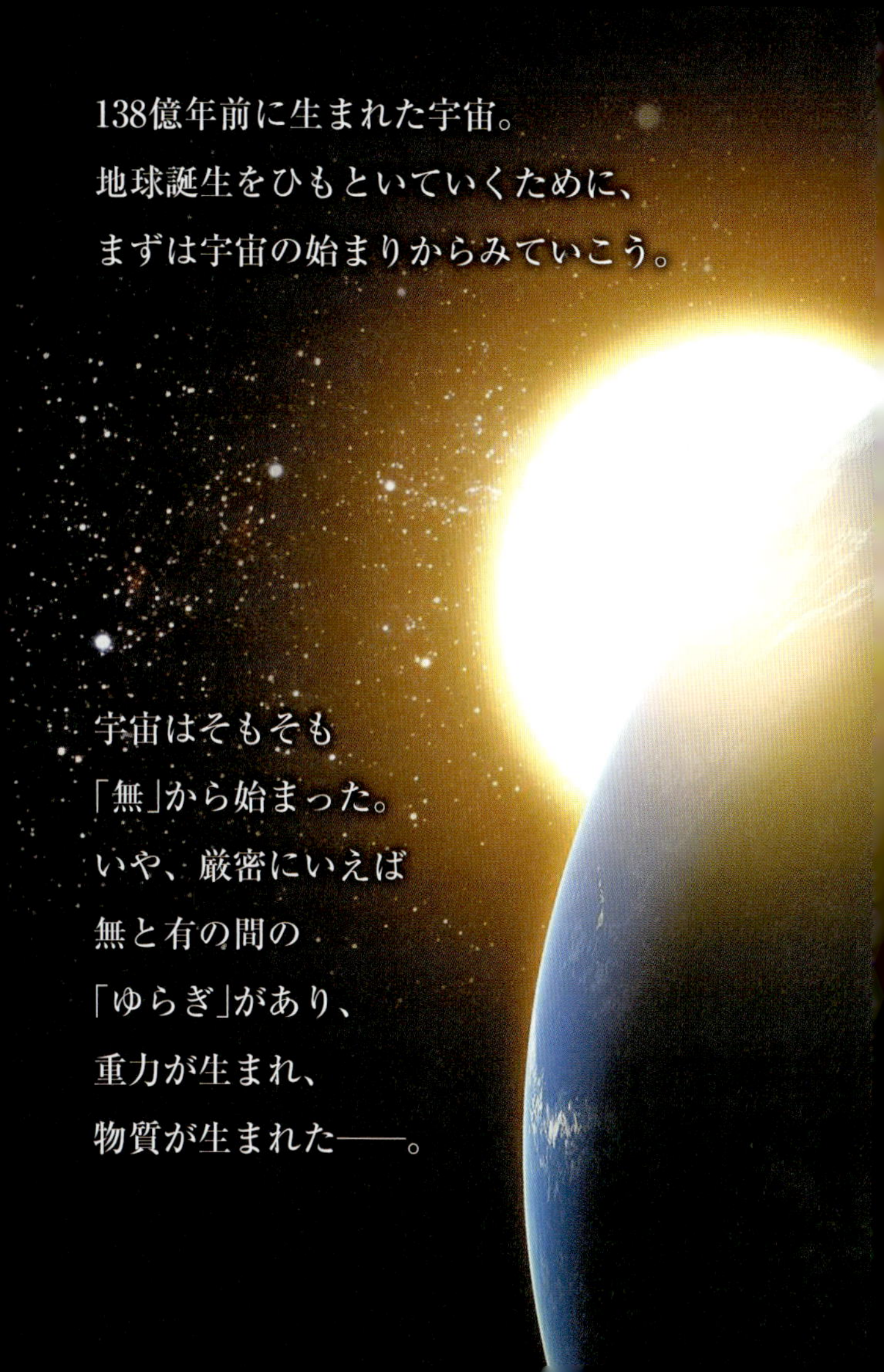

138億年前に生まれた宇宙。
地球誕生をひもといていくために、
まずは宇宙の始まりからみていこう。

宇宙はそもそも
「無」から始まった。
いや、厳密にいえば
無と有の間の
「ゆらぎ」があり、
重力が生まれ、
物質が生まれた——。

1 宇宙の中の地球

夜空を見上げても数えられるほどしか星が見えない都会とは違い、山の上で見上げる星空は、迫力に満ちた素晴らしい光景です。真っ暗な空には、数えきれないほどたくさんの星々が輝いています。その中でもひときわ目立つのが、夜空を横切る星の帯、天の川です。天の川は、多くの星々が集まった領域で、天球を一周しています。

宇宙には、星の集団である「銀河」が数多くあります。最近の研究によると、銀河は、この宇宙に２０００億〜２兆個もあるそうです。私たちが住む地球は、「銀河系」または「天の川銀河」と呼ばれる銀河の片隅にある「太陽系」に属しています。銀河系は、１０００億個もの星の集まりで、棒状に膨らんだ中心部とその周囲を取り巻く何本かの薄い渦巻《うずまき》状の腕から成っていて、地球や太陽系はその腕の一つに位置しています。銀河系の内部にある地球からは、銀河系の水平面に沿って星が密集して見えることになり、それが夜空に横たわる天の川なのです。

そもそもこの宇宙は、何もない「無」の状態から突然出現し、ごくわずかな時間で急激に膨張する「インフレーション」を起こして、いわゆる「ビッグバン」と呼ばれる火の玉状態になったと考えられています。宇宙は、ビッグバンの後、膨張しながら冷えていきます。ビッグバン直後につくられた水素やヘリウムなどの軽い元素は、ガスとして宇宙空間を漂います。そしてより密度の高い領域が重力収縮によって一点に集中していき、星が形成されます。質量の大きな星の内部では、核融合反応によって鉄までの重い元素が次々と生成され、最後に超新星爆発を起こします。その際、鉄よりも重い元素が一気に生成されました。重い元素の一部は、氷や鉱物から成る固体微粒子（ダスト）として宇宙空間を漂い、ダストの表面ではアミノ酸などの有機化合物がつくられます。それらは、やがて惑星や生命の材料となります。

そして、今から約46億年前に太陽系が誕生しました。銀河系に漂うガスが収縮して中心部に太陽が、その周囲にガス円盤が形成され、ガス円盤の中で地球をはじめとする惑星が形成されました。地球は、太陽からの放射エネルギーと大気の温室効果のおかげで温暖湿潤な環境を持ち、液体の水が地表を覆って海を形成しています。海が存在するおかげで、地球には生命が誕生し、多種多様に進化しました。地球のような惑星を、「ハビタブル（生命生存可能）惑星」と呼びます。宇宙には、地球のようなハビタブル惑星が、それこそ星の数ほどあるのではないか、とも考えられています。

●宇宙の進化史

誕生した宇宙（左端）は膨張して、約138億年を経て現在（右端）へと至る。

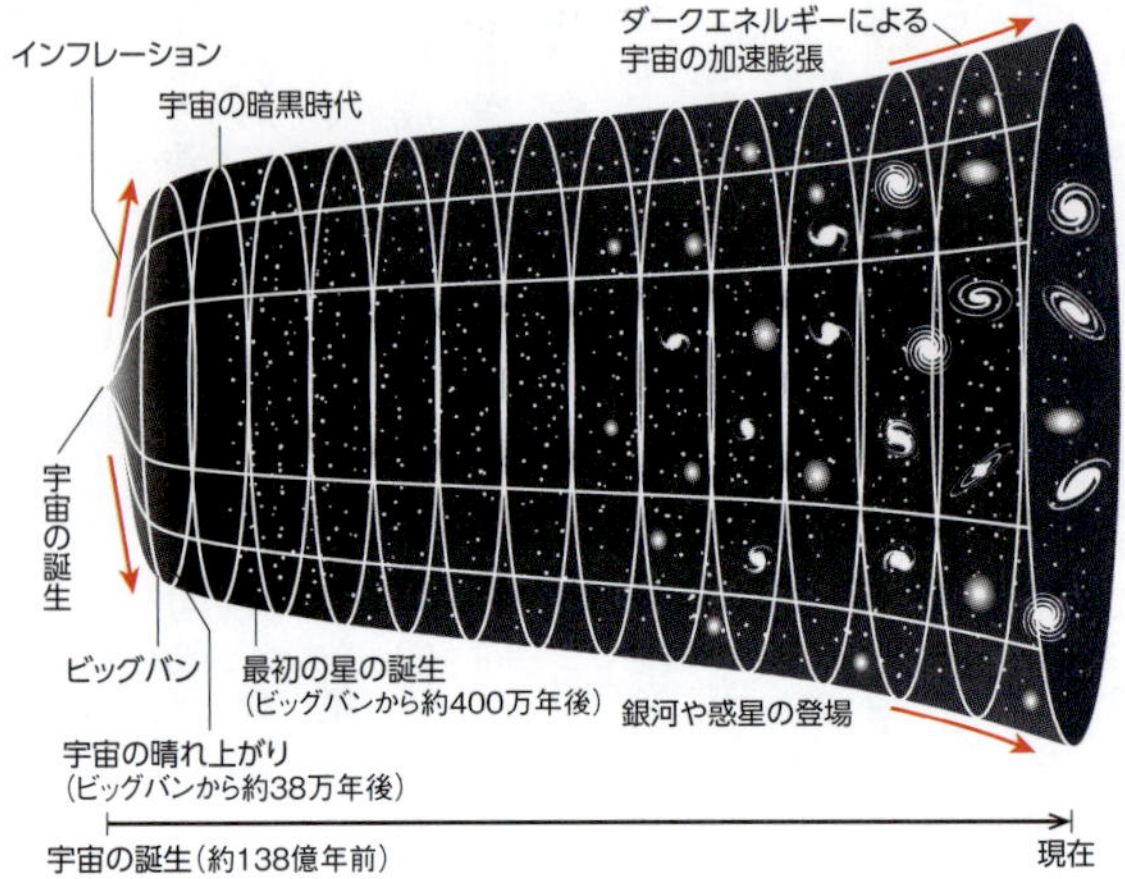

すなわち、宇宙の進化によって、星が形成され、その周囲で惑星が形成され、惑星上で生命が誕生する、ということが生じても不思議ではない条件が整ってきた、と考えることもできます。

地球上で誕生した生命は、長い時間をかけて進化し、私たちヒトが出現するにいたりました。ヒトはこの地球上に技術文明を築きましたが、一方で地球環境に変化をもたらしつつあります。そのことの意味を深く探るために、これから46億年の地球史を振り返り、未来の地球の姿を予想することにしたいと思います。

2 地球と他の惑星の比較

約46億年前に誕生した太陽系は、太陽を中心にしてその周囲を公転する水星・金星・地球・火星・木星・土星・天王星《てんのうせい》・海王星《かいおうせい》という8個の惑星、冥王星《めいおうせい》などの準惑星、小惑星、彗星《すいせい》、多数の衛星、その他で構成されています。水星・金星・地球・火星は「地球型惑星」、木星・土星は「木星型惑星」、天王星・海王星は「天王星型惑星」と分類されます。

地球型惑星は、鉄・ニッケルを主成分とする高温・高圧の核の周りをケイ酸塩鉱物からなるマントルが覆い、その周りをやはりケイ酸塩鉱物から成る地殻が取り巻き、地表を大気が包む構造です。そのほとんどが岩石から成るため、「岩石惑星」とも呼ばれます。

一方、木星型惑星は「巨大ガス惑星」とも呼ばれます。核は主に氷と岩石や金属でできていますが、質量の大部分はその周囲を取り巻く大量の水素とヘリウムなどのガスだからです。直径が約1万3000キロメートルの地球に比べ、木星は直径約

14万3000キロメートル、土星は直径約12万キロメートルと巨大です。しかし、地球のような固い地表はありません。

また、天王星型惑星は「巨大氷惑星《こおりわくせい》」とも呼ばれます。そのほとんどが水やメタン・アンモニアなどの氷でできているからです。直径は天王星・海王星ともに約5万キロメートルです。

直径は、地球と比べると、太陽は約110倍、木星は約11倍、土星は約9倍、天王星と海王星は約4倍です。一方、地球型惑星である水星・金星・火星は小さく、地球の直径を1とすると、水星は0・37、金星は0・9、火星は0・52という比率になります。

また、太陽からの距離は、水星が約5800万キロメートル、金星が約1億800万キロメートル、地球は約1億5000万キロメートル、火星が約2億2800万キロメートルです。さらに木星は約7億7800万キロメートル、海王星にいたっては約45億キロメートルも離れています。

最も小さく質量も最小である水星は、公転周期が約88日、自転周期は約58日。小天体の衝突によって、地表に大小さまざまな衝突クレーターが数多く存在することが特徴です。月の表面とよく似ており、平均地表面温度は約170度です。

金星は、質量・密度・サイズともに最も地球に似ているので「地球の姉妹惑星」とも呼ばれます。太陽に近く、二酸化炭素を主成分とする厚い大気に包まれているため、地表面温度は平均約460度と灼熱状態です。公転周期は約225日、自転周期は約243日。地表には高地・平原・低地が形成されています。衝突クレーターは1000個程度ありますが、この数は決して多いものではありません。おそらく数億年前に地表面のほぼ全域が溶岩に覆われる地表更新イベントがあり、古い衝突クレーターは消えてしまったものと推定されています。

火星は、赤色の酸化鉄を大量に含む地表に覆われており、「赤い惑星」とも呼ばれます。公転周期は約687日で地球の倍近くですが、自転周期は地球とほぼ同じ約24時間40分です。重力が小さく、大気が希薄で温室効果も弱く、地表面温度は約マイナス50度。地球に比べると過酷な環境です。しかし、過去の火星表面には液体の水が存在していた証拠が知られています。生命が存在していた（している？）可能性もあることから、数多くの火星探査計画が進められています。

今から約 46 億年前。
銀河系の片隅で、
年老いた星がその寿命を終え、
大爆発が起こった。

星の爆発は、その星の「死」を意味するが、
爆発の衝撃によってさまざまな物質が
宇宙にばらまかれ、
新しい星の誕生をつながった。
太陽や地球などの惑星から成る
私たちの太陽系の始まりだ。

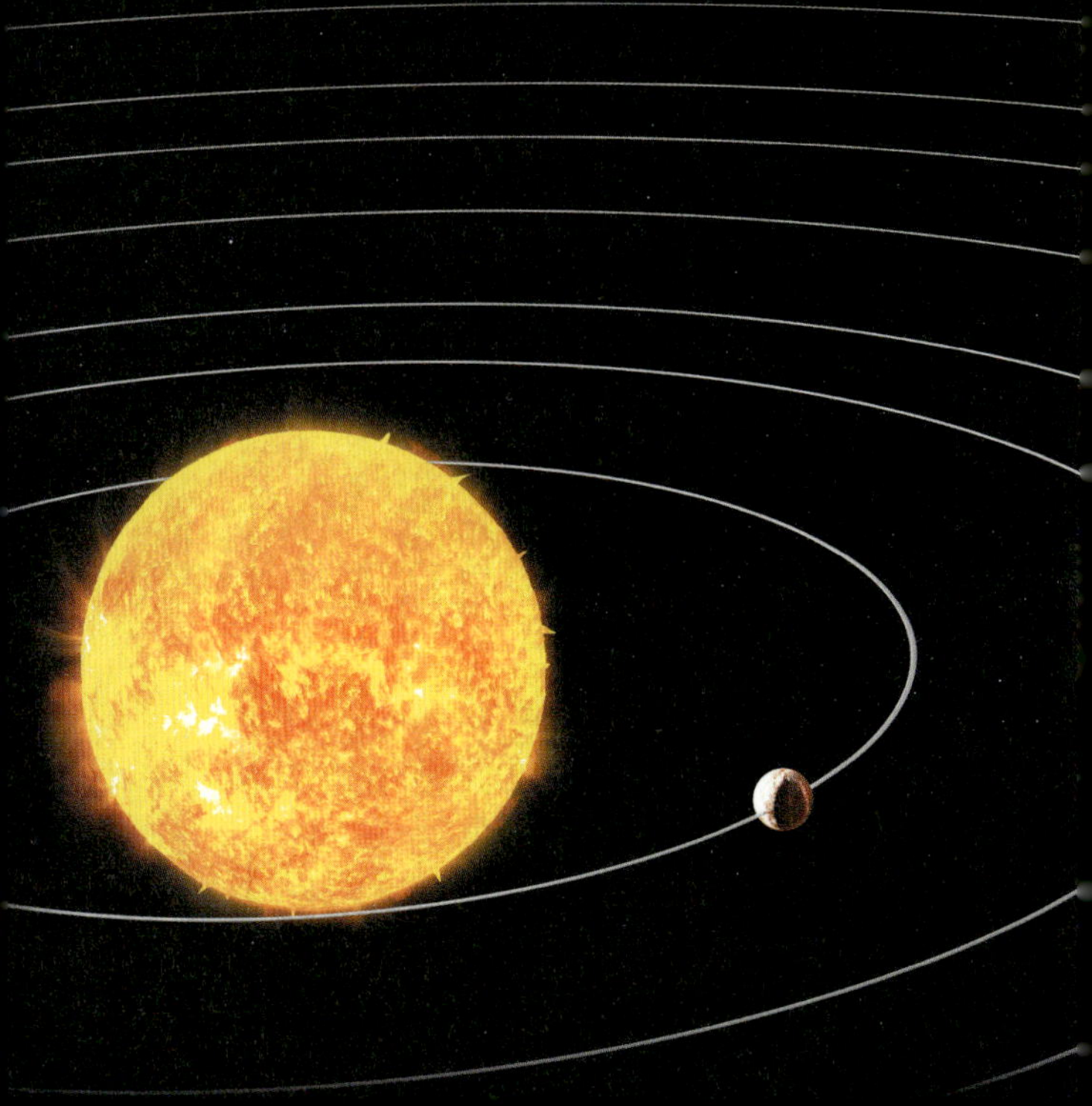

3 地球の構造

地球という惑星の形状は、赤道半径が極半径よりわずかに長い回転楕円体で、おおよその半径は約6400キロメートル。中心に「核（コア）」があり、その周りに「マントル」、マントルの外縁をごく薄い「地殻《ちかく》」が覆っています。

核は内核と外核に分かれています。内核は地球の中心部にあり、地表から約5100～6400キロメートルの深さに位置しています。その半径は約1300キロメートルで、鉄とニッケルから成る固体であることが分かっています。温度は約5000～6000度と推定されていますが、超高温にもかかわらず液体にならない理由は、約360万気圧という超高圧条件だからです。内核の外側を包んでいるのが外核です。

両者の境界面はレーマン不連続面と呼ばれ、深さ約5100キロメートルにあります。また、外核とマントルの境界はグーテンベルグ不連続面といいますが、それは約2900キロメートルの深さにあります。外核は両不連続面の間に位置します。組成は内核とほぼ同じで主として鉄とニッケルから成りますが、水素などの軽い元素を数パーセント含んでいると考えられています。外核の温度は約4400～6100度と推定さ

●地球の構造

地球は化学組成の異なるいくつかの層で構成されている。

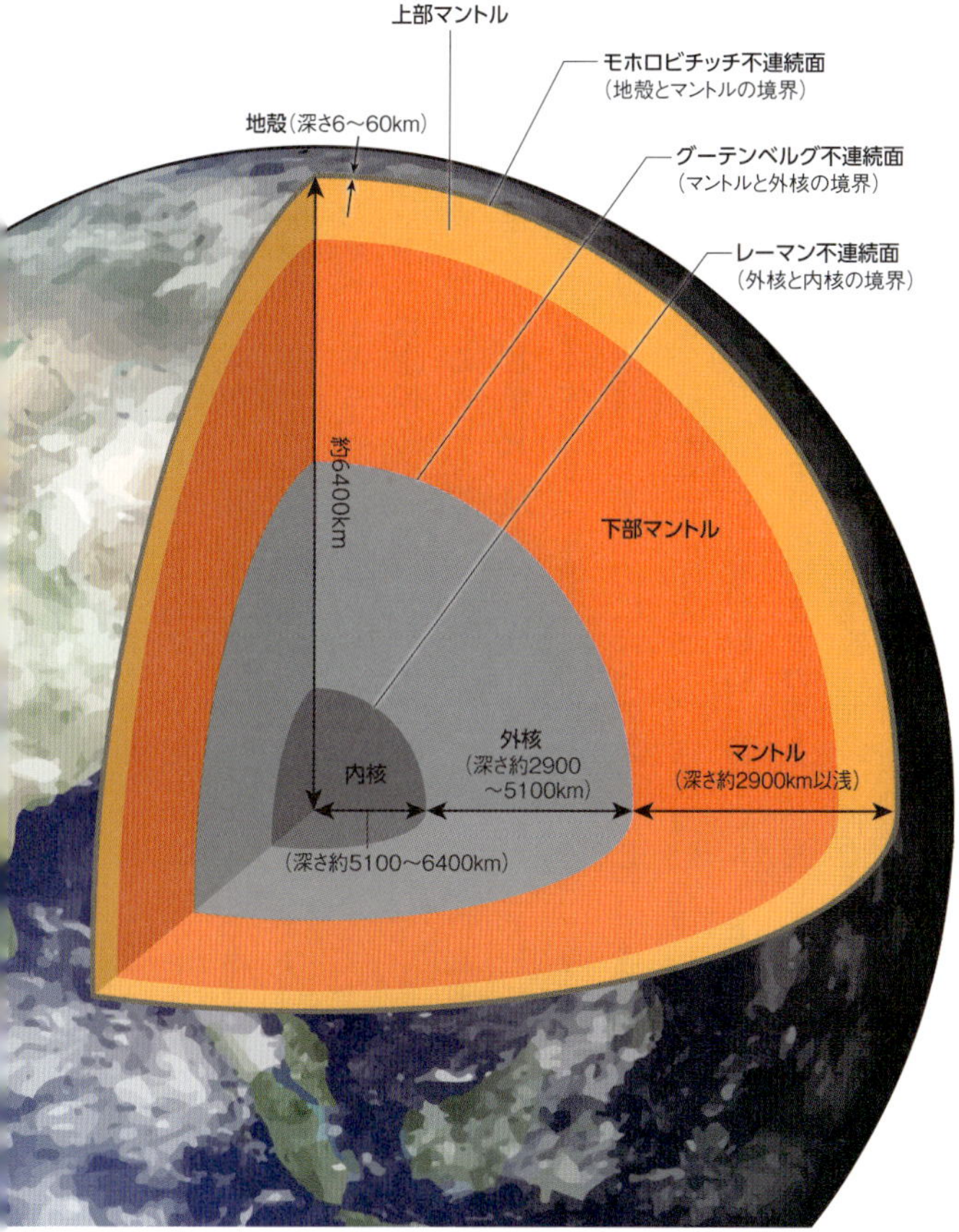

れていますが、内核ほど高圧条件ではないため、液体状態です。

外核の外側がマントルで、下部マントルと上部マントルの2層に分かれています。マントルはグーテンベルグ不連続面からマントルと地殻の境界であるモホロビチッチ不連続面（地表から約6〜60キロメートルの深さ）の間の範囲に位置します。下部マントルと上部マントルの境界は約660キロメートルの深さにあり、主としてケイ酸塩鉱物から成りますが、下部マントルは主にケイ酸塩ペロブスカイト、上部マントルは主にカンラン石という鉱物から成っているという違いがあります。マントルは高温ですが、高圧下にあるため、固体状態です。しかし、地表付近は低圧のため、上昇してきたマントル物質は溶融してマグマが発生します。そして地表に噴き出して溶岩となり、冷却して岩石となります。マントルを覆う地殻は、基本的にはそのようにして形成されたものです。

地殻は大陸地殻と海洋地殻に分けることができます。大陸地殻の厚さ（地表面からモホロビチッチ不連続面までの深さ）は多くの場合約30〜40キロメートルですが、海洋地殻の厚さ（海底面からモホロビチッチ不連続面までの深さ）は約6キロメートルです。

大陸地殻の岩石組成は主に花崗岩《かこうがん》質で、海洋地殻は玄武岩質です。大陸地殻は海洋地殻に比べて密度が軽いという特徴を持っています。

なお、モホロビチッチ不連続面を含む上部マントル最上部と地殻の両方にまたがる、厚さ100キロメートルほどの冷たく硬い岩盤の層を、リソスフェア（岩石圏）と呼びます。地表を一枚岩で覆っているわけではなく、ジグソーパズルのように大小のパーツに分かれています。それらは「プレート」と呼ばれ、十数枚ほどから成ります。プレートには大陸プレートと海洋プレートがあります。

マントルは対流しているため、それぞれのプレートは運動しています。プレートは中央海嶺で拡大する一方、海溝で沈み込んでいます。大陸はプレートの運動に伴って衝突と分裂を繰り返しており、それにより、地球は現在の姿になったのです。今もプレートは動き続けていて、海洋プレートは大陸プレートの下に沈み込んでいます。その結果、地殻やプレートに歪みがたまり、歪みが解放される際に地震が発生します。

地殻を取り巻いているのが大気と海です。現在の地球大気の主成分は窒素（約78パーセント）と酸素（約21パーセント）。そのほかアルゴン（約0・93パーセント）、二酸化炭素（0・04パーセント）などが含まれます。原始地球の大気は二酸化炭素が主成分だったと考えられていますが、約46億年の進化において大気の組成は大きく変わりました。海洋では生命が誕生し、現在に至るまで進化を続けています。

4 時代区分の種類

地球は約46億年前に誕生しました。現在に至る地球の歴史のほとんどは「地質時代」と呼ばれますが、そのほかにも「先史時代」や「有史《ゆうし》時代（歴史時代）」という時代区分を耳にします。

地球は、大規模な天体衝突によってマグマに覆われた状態で誕生しました。急激な冷却によって、水蒸気から成る原始大気が凝結して原始海洋が形成されます。地表面は急冷され、原始地殻が形成されます。やがてプレートテクトニクスが始まり、大陸が形成され、造山運動や火山活動などが起こり、環境の変化を繰り返しながら、地層が積み重ねられていきます。地球史の最初期に海で誕生した生命はより複雑なものに進化し、数多くの生物種が繁栄しては絶滅しました。そうした経過は地層となった岩石や化石から知ることができます。このような時代を、「地質時代」と呼びます。

これに対し、人類が文字を発明して記録が残されている時代を有史時代、それ以前を先史《せんし》時代と呼びます。有史時代より以前を地質時代と呼ぶ場合も多く、地質時代＝先史

地質時代・先史時代・有史時代の関係

先史時代は人類が文字を発明する前の時代、有史時代は文字による資料を残すようになった時代。地球史全体からすると、ほぼすべてを地質時代が占めている。

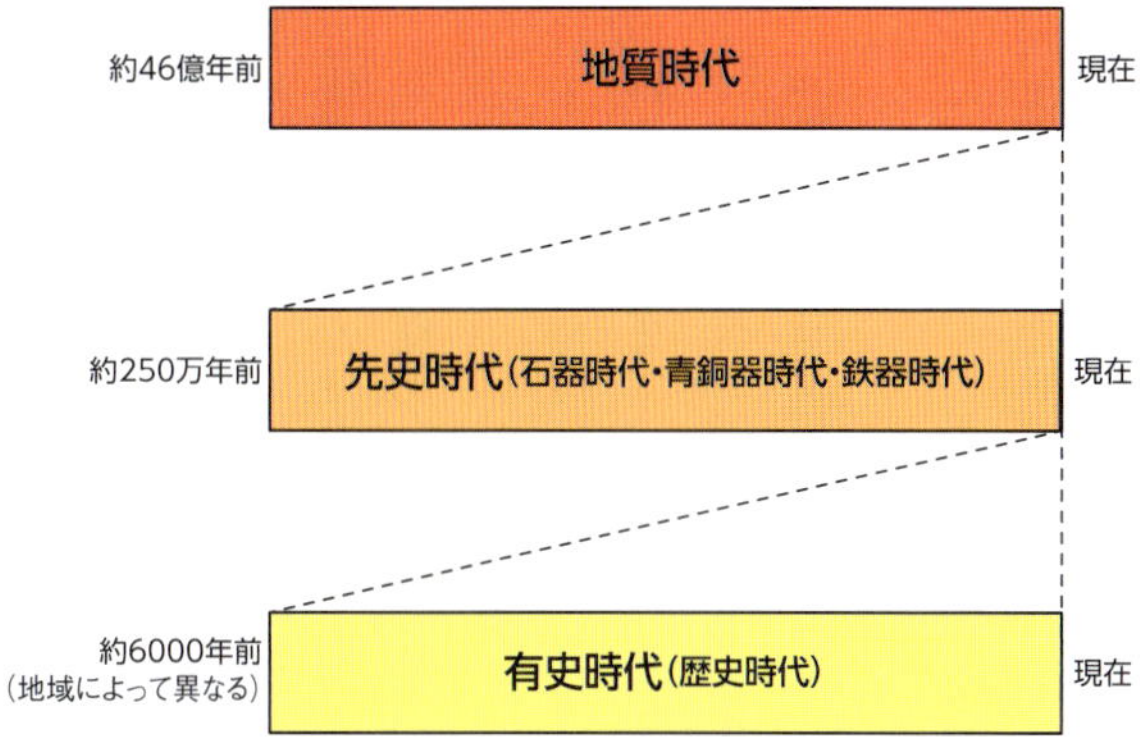

時代のようにも思われますが、先史時代は人類が道具を使うようになって以降の時代に限る場合が多いようです。有史時代は、地質時代区分でいうところの、新生代の第四紀完新世《かんしんせい》（約１万１７００年前～現在）に含まれます。

我々人類の祖先である猿人《えんじん》が類人猿から進化してアフリカ大陸に出現したのは約７００万年前のことです。猿人は直立して二足歩行ができるようになり、自由になった両手を使って石器などの簡単な道具を用いるようになりました。やがて火を利用する原人が約２５０万年前に現れ、約20万～30万年前に現生人類（ホモ・サピエンス）が登場することになります。

先史時代は、石器時代（旧石器時代・新石器時代）、青銅器時代、鉄器時代という期間に大まかに区分されることがあります。この時代を表す数多くの遺跡や遺物など、ヒト属の活動の痕跡も発見されており、考古学をはじめ、さまざまな自然科学的・人文社会科学的な調査研究がなされ、その実像が徐々に明らかにされています。

また、人類が文字を発明して記録し始めたのは約6000年前とされます。文字の誕生により、先史時代の手法に加え、後世に残された文字資料・文献資料から往時の歴史事象を検証することが可能になりました。それゆえに文字を使用するようになった時代以降を有史時代といいます。ただし、文字の使用開始時期は世界各地で違いがあるので注意が必要です。例えば、日本では3世紀ごろに始まった古墳時代が先史時代と有史時代の境目とされています。

有史時代は、約46億年の長い地球史から見ると、約100万分の1の期間にすぎません。地球が生まれて現在までの時間を1年の長さで例えれば、1月1日の午前0時に地球が誕生し、大晦日の23時59分30秒からようやく有史時代が始まるのに相当します。

私たち人類の時代は、地球史全体から見ればいかにごく最近のことなのかが分かるでしょう。

●時代区分

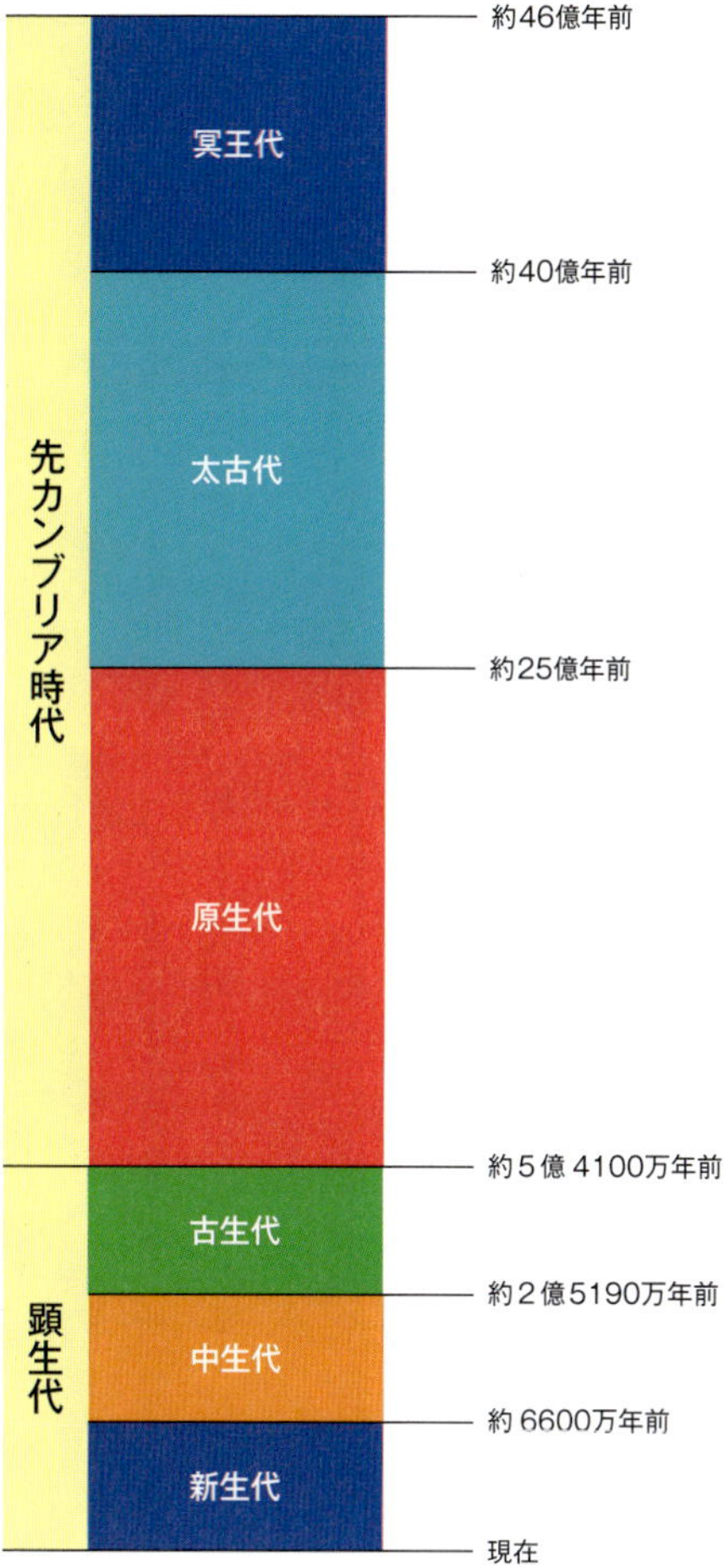

5 年代の決定方法

地球が誕生してから現在に至るまでの時代区分の定義や年代値などは、地質学の国際的な学術組織によって常に見直されており、特に年代値は毎年のようにアップデート（更新）されています。

年代には「相対年代」と「絶対年代」があります。相対年代とは、化石や岩石などが堆積した地層の順序（層序）により、新旧や前後の関係を相対的に判定するものです。地質学では、下の地層ほど古く上の地層ほど新しいという、「地《ち》層《そう》累重《るいじゅう》の法則」と呼ばれる基本的な考え方があります。

顕生代の時代区分は、地層中から見つかる化石の種類などからなされており、目の前のその地層が何時代に属するものであるのかが分かることになります。しかしながら、それが具体的に何年前のものであるのかについては分かりません。

相対年代と対になるのが「絶対年代」です（ただし、現在では「放射年代」あるいは「数値年代」と呼ばれる）。これは具体的な年代値が数字で示されるものです。放射年代は、地層に残された試料（岩石や化石、木片、木炭、骨、貝殻など）の中に含まれる放射性元素が放射壊変（放射性元素の原子核が、自然に粒子や電磁波を放出して、他の原子核に変わる現象）をすることを利用したもので、放射年代測定を行って年代値を求めるものです。さまざまな放射性元素を用いた測定法がありますが、放射性元素の半減期（放射性元素の数が半分に減るまでの時間）は元素ごとに異なるので、測定したい試料の年代に応じて測定法を使い分ける必要があります。

また、その元素が試料中に含まれていなければ測定ができませんので、試料に応じて適用可能な放射年代測定法を選ぶ必要があります。すなわち、放射年代測定を実際に行う際には、さまざまな制約や不確定要素があるわけです。試料や測定方法によって、得られる数値が異なることもあるため、現在では「絶対年代」と言わずに「放射年代」もしくは「数値年代」と呼ぶようになったわけです。

例えば、代表的な放射年代測定法の一つに、放射性炭素年代測定（炭素14法、C14法）があります。

炭素の放射性同位体である炭素14は、大気圏の上層で宇宙線によって生成した中性子

●主な放射年代測定法

各放射年代測定法は、試料中に親核種となる元素が十分に含まれているか、試料が形成されてから元素の移動がないとみなせるか、半減期が試料の年齢と同程度か、などの条件を満たす場合に適用できる。

放射年代測定法	壊変前 → 壊変後	半減期
カリウム・アルゴン法	^{40}K → ^{40}Ar	約13億年
ルビジウム・ストロンチウム法	^{87}Rb → ^{87}Sr	約490億年
ウラン・鉛法（鉛・鉛法）	^{238}U → ^{206}Pb	約45億年
	^{235}U → ^{207}Pb	約7億年
炭素14法	^{14}C → ^{14}N	約5730年

と窒素原子が衝突することでつくられ、大気中の二酸化炭素にごく微量に含まれます（同位体とは、同じ元素ではあるが、質量数が異なるもの）。

植物は二酸化炭素を用いて光合成を行う際、この炭素14を取り込んでいるのですが、炭素14は放射壊変を起こし、時間が経つにつれて減少していきます。炭素14の半減期は約５７３０年です。つまり安定同位体（自発的には他の核種に変化しない）である炭素12に対する炭素14の比を調べることによって年代を決定できるというわけです。

ただし、測定結果の年代値にはさま

ざまな理由による誤差が含まれるため、測定によって得られた年代値には補正を行う必要があります。あるいは、他の手法を併用し、総合的に判断されることもあります。また、炭素14は半減期が大変短いため、数万年前までしかさかのぼれません。それよりも古い時代の試料については、別の放射性年代法を用いて測定する必要があります。

例えば、地球の年齢を調べる際には、半減期が数十億年から数百億年であるような放射性元素（ウラン238やルビジウム87など）を利用した放射年代測定法が用いられます。

6

5回も起こった生物の「大量絶滅」

地球史最初期の冥王代（約46億～40億年前）において、原始生命が誕生したと考えられます。ただし、生命がいつどこで誕生したのかについては、まったく分かっていません。生命誕生の場は海底熱水系（海底で温泉が湧いている場）であるということがしばしば言われています。しかし、冥王代の地質学的証拠はほとんど残っていないため、検証することができません。

冥王代の地球は、大小さまざまな天体衝突に頻繁に見舞われていたと考えられています。このことは、現在の月面に残されている無数の衝突クレーターが物語っています。そのため、地球環境は激変し、原始生命が誕生しては絶滅する、ということが繰り返されたのではないか、という考えもあります。こうして冥王代は終わりますが、最後に生き延びた生命が、現在へとつながる系統へと進化したのかもしれません。

太古代（約40億～25億年前）において、生物は変化する地球環境に適応進化していきます。当時活動していた生物は、細菌（バクテリア）や古細菌《こさいきん》（アーキア）と呼ばれる、単細胞で核を持たない原核生物でした。

原生代（約25億～5億4100万年前）の初期と末期に、地球は全球凍結しました。「スノーボールアース・イベント」と呼ばれる超寒冷化現象によって、地球の表面は氷で覆われ、生物にとって必要不可欠な液体の水はすべて凍結してしまいました。そのため、多くの生物が絶滅したものと考えられます。しかし、当時の生物は化石に残りにくかったため、その実態はまったく分かっていません。

一方、生物はスノーボールアース・イベントを経て、大進化を遂げます。原生代初期のスノーボールアース・イベント後には、細胞内に核を持つ真核生物が出現します。真核生物は、好気性細菌や酸素発生型光合成細菌（シアノバクテリア）などが真核細胞に共生すること（細胞内共生という）で誕生しました。また、原生代末期のスノーボールアース・イベント後には、多細胞動物が出現したと考えられています。

顕生代（約5億4100万年前～現在）の初め、カンブリア紀に入ると、生物は骨や殻などの鉱物から成る硬骨格をつくるようになりました。この結果、生物の体である軟組織は分解しても、骨や殻が化石として地層に保存されやすくなりました。このため、顕生代においては、生物の多様化や絶滅などがとても詳しく分かるようになりました。

顕生代においては、数多くの生物種が同時に絶滅する現象が繰り返し起こったことが、化石記録から分かっています。これを「大量絶滅」と呼びます。

顕生代において大量絶滅は5回起こりました。それらは、古生代のオルドビス紀末（約4億4000万年前）、デボン紀後期（約3億7000万年前）、ペルム紀末（約2億5200万年前）、中生代の三畳紀末（約2億年前）、白亜紀末（約6600万年前）に起こり、「ビッグファイブ」とも呼ばれています。

オルドビス紀は動物の多様化が生じ、三葉虫《さんようちゅう》やオウムガイをはじめ、節足《せっそく》動物や軟体動物が栄えた時代でした。しかしオルドビス紀末には大量絶滅が生じ、海に暮らす生物が属のレベルで49〜60パーセント、種のレベルで約85パーセントが絶滅したとされます。

次の大量絶滅はデボン紀後期に生じました。この時代には魚類が登場します。デボン紀後期に起きた大量絶滅では、海洋無酸素イベントと呼ばれる、海洋が酸欠状態に陥る現象によって、海生生物が、属のレベルで約50パーセントが絶滅したとされます。

その次のペルム紀末の大量絶滅は、ビッグファイブの中でも最大規模であることが知られています。ペルム紀における生物の主役は両生類や爬虫類で、陸上植物も大繁栄しました。また、この時期には大陸が一つに集まって超大陸「パンゲア」を形成していました。しかし、やはり大規模な海洋無酸素イベントが発生し、海洋生物が属のレベルで

82パーセント、種のレベルで約90パーセント以上が姿を消したとされます。

中生代の三畳紀には、荒廃した環境の中で、生物は進化し、多様化していきます。恐竜や哺乳類もこの時代に登場しました。三畳紀末の大量絶滅では、火山活動が活発化するとともに、大気中の酸素濃度が大幅に低下し、海洋生物が属のレベルで34パーセント、種のレベルで約75パーセントが絶滅しました。

さらに、次のジュラ紀から白亜紀に支配的地位を占めたのが恐竜です。しかし、白亜紀末の大量絶滅によって、恐竜やアンモナイトなど生物は属のレベルで約47パーセント、種のレベルで約70パーセントが姿を消しました。この大量絶滅の原因は、小惑星が地球に衝突し、環境が激変したためであると考えられています。

現在は顕生代における第6の大量絶滅の最中にあるともいわれています。人類の営みは、短期間に数多くの生物種を絶滅へと追いやったといわれており、将来においても、これまで以上の速度で多くの生物種を絶滅させる恐れがあると考えられています。国際自然保護連合が作成している絶滅の恐れがある野生生物のリスト、いわゆる「レッドリスト」は、進行している大量絶滅の現状を物語るものにほかならないといえます。

白亜紀末で絶滅した恐竜

デボン紀から白亜紀末まで海洋で繁栄したアンモナイト

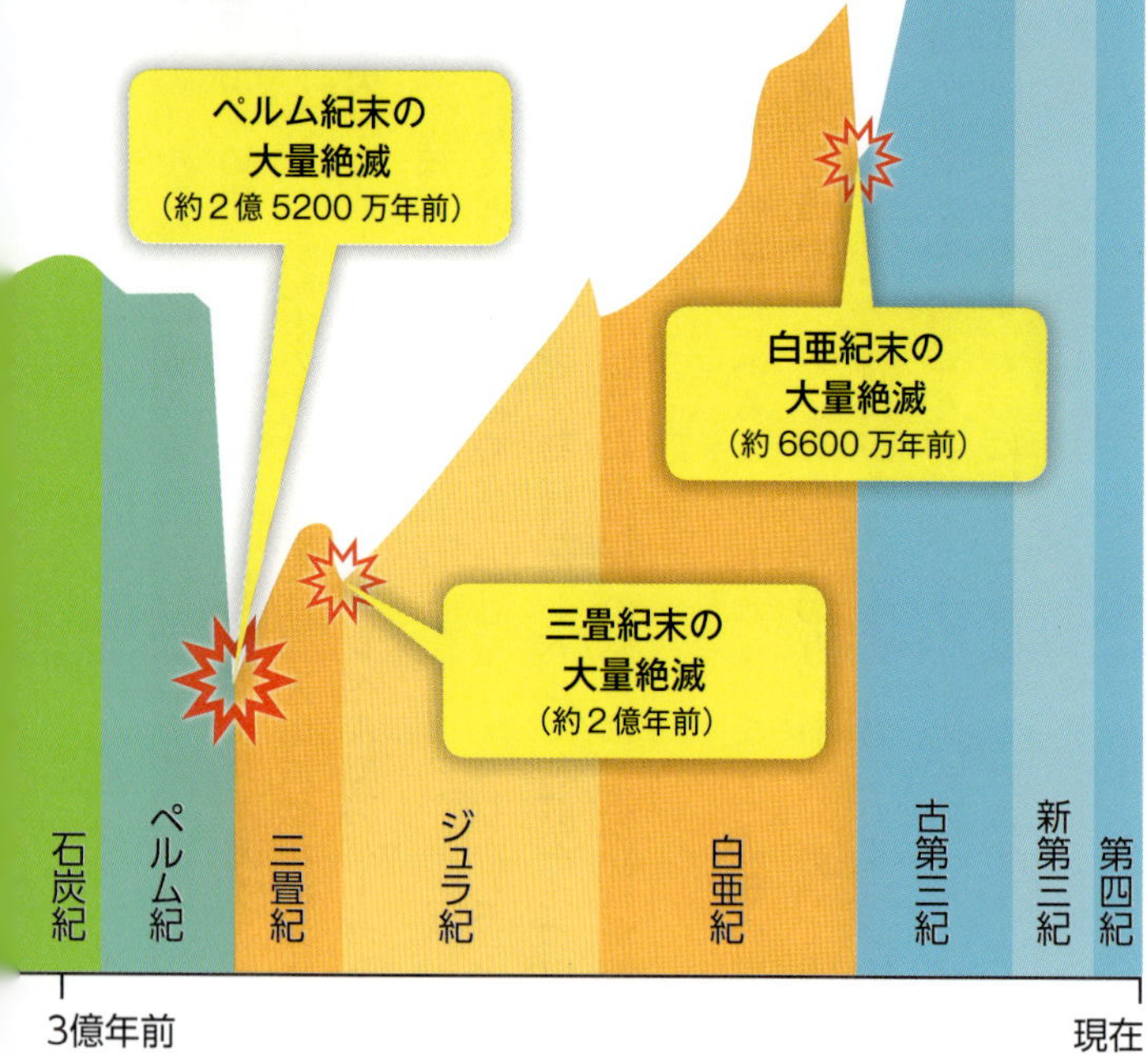

●5回も起こった生物の大量絶滅

カンブリア紀からペルム紀末まで
海洋で繁栄した三葉虫

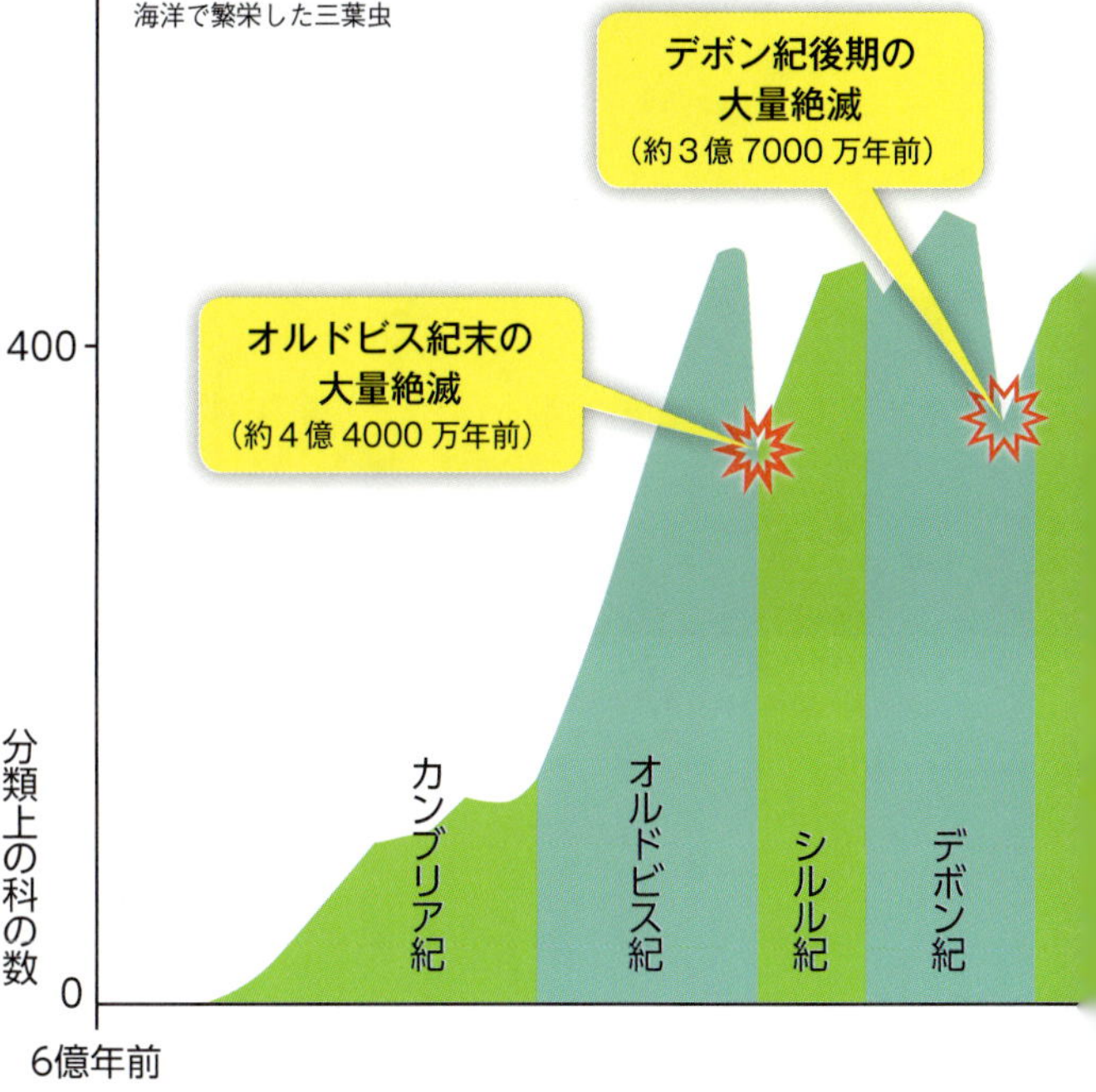

「白亜紀末の大量絶滅」では、宇宙から飛来した小惑星の衝突による大規模な環境変動で、恐竜を含む多数の生物が絶滅したとされる。

第1章

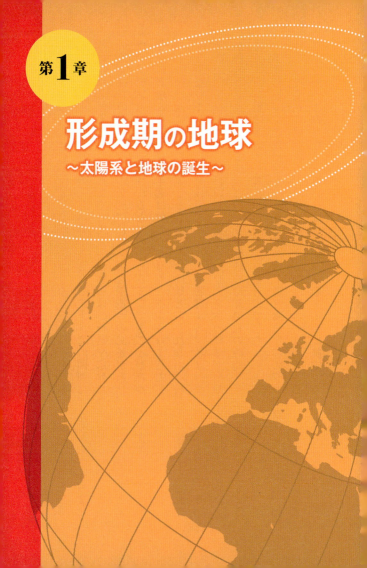

形成期の地球

～太陽系と地球の誕生～

1 地球はいつ誕生したのか？

地球が誕生したのはどのくらい昔のことなのか——この問題は、古くからさまざまに考えられてきました。中世までの代表的な解釈は、神話や宗教に基づいたものでした。例えば、旧約聖書の『創世記』には「天地創造」の記述があり、その後、アダムとイヴがエデンの園から追放されるなどのさまざまなできごとが書かれています。そうした記述の詳細から、地球の年齢は約6000年と推定されました。

その後、近代科学の発達とともに、宗教にはとらわれない、科学的な推定がなされるようになりました。17世紀後半、イギリスの物理学者アイザック・ニュートンは、その著書『プリンキピア』において、地球と同じ大きさの鉄球が冷却するのには5万年以上かかると記述しています。このような地球の冷却過程の時間スケールを推定するという物理学の発想はきわめて基本的かつ本質的なものでした。

18世紀後半～19世紀前半のフランスの数学者で物理学者のジョゼフ・フーリエは、固体の温度変化の研究から、熱伝導に関するフーリエの法則、さらには熱伝導方程式を導きました。この方程式を用いれば、地球の年齢を正確に推定することができるはず、と

●**地球**

地球の誕生は今から約46億年前にさかのぼる。

考えられました。

19世紀半ば、イギリスの物理学者ウィリアム・トムソン（通称ケルヴィン卿）は、熱伝導方程式と岩石の熱伝導率、そして地球の熱的な初期条件を用いて地球の年齢を推定しました。地球は誕生時には溶融しており、それが熱伝導によって徐々に冷却して現在の状態に至った、と考えるわけです。熱伝導方程式を解いて得られた答えは、「地球の年齢はおよそ1億年程度（不確定性を考えると2000万年～4億年の範囲）」というものでした。

この値は、日常感覚からすれば非常に長いとはいえ、地層の形成・浸食といった地質学的プロセスや生物の変遷に必要な時間感覚からすると、必ずしも十分に長いとはいえないものでした。当時、進化論を提唱したイギリスの自然科学者チャールズ・ダーウィンや生物学者トマス・ヘンリー・ハクスリーらは、トムソンの推定結果に批判的な立場でした。

トムソンの推定方法は、物理学的に紛れのない議論で、反論は難しいと考えられるものでした。実際、当時の物理学の知識からすれば最善の推定結果といえるものでしたが、一つだけ決定的に欠けているものがあったのです。それは、トムソンの推定よりも後の、19世紀末から20世紀初めにかけて、アンリ・ベクレルやキュリー夫妻によって発見された、放射性元素の存在でした。元素には放射性同位体が存在するものがあり、それは自発的に放射性壊変するとともに放射線を出すこと、またその際に大量の熱が放出されることが発見されたのです。

そもそも、地球や惑星の進化を一言で表現するならば、「冷却過程」だといえます。地球や惑星の冷却の歴史を、熱史もしくは熱進化といいます。そして、地球の熱進化において、放射性元素の放射性壊変による発熱は、きわめて重要な役割を果たしています。地球内部を構成している岩石中には、ウランやトリウム、カリウムといった元素が含まれていますが、これらの放射性同位体は、半減期が10億年から100億年以上もあり、地球や惑星の熱史を考える上できわめて重要です。これらを考えなければ、トムソンが推定した通り、地球は1億年程度で冷たくなってしまいます。

しかし、放射性元素による内部発熱を考慮すると、地球はなかなか冷えず、数十億年間にわたって、地球内部は高温状態を維持することができるのです。このおかげで、地球は現在でも活動的な惑星でいられるのです。

放射性元素の発見は、岩石の年代測定法の開発にもつながりました。放射性元素は規則正しく放射性壊変を起こすため、時計代わりに使うことができるからです。これを利用した放射年代測定法によって古い時代の岩石の年齢が測定され、さらにはさまざまな隕石の年齢が測定されるようになりました。残念ながら、地球誕生時の岩石はこれまで発見されていませんが、隕石の中のウランや鉛の同位体比を測定する方法や地球の岩石中の鉛同位体比の測定などから、地球の年齢を推定できることが分かりました。その結果、地球は今から約46億年前（正確には46億5０００万年前ごろ）に、太陽系の他の天体とともに誕生したものと推定されています。

約46億年前に誕生した地球上で、生命が誕生して絶滅と進化を繰り返し、現在に至りました。私たちヒトの誕生に至るまでには、数十億年にわたる長い時間が必要でした。

2 銀河系の中の太陽系

地球が属する太陽系は、太陽のような恒星の集まりである銀河系に属しています。銀河系は、2000億~4000億個もの恒星の集団です。銀河系の総質量は、太陽の1兆倍以上と見積もられています。しかし、目に見える恒星や星間《せいかん》ガスなどの物質は、その数パーセント程度で、大部分は正体不明の暗黒物質(ダークマター)から成ります。暗黒物質は、銀河系全体を取り巻いています。

銀河系は、渦巻《うずまき》の構造を持つ渦巻銀河だと考えられていましたが、より正確には棒渦巻銀河であることが分かってきました。

棒渦巻銀河というのは、銀河の形の分類の一つで、中心部のバルジと呼ばれる古い恒星の集まりをつらぬく棒状の構造の両端から、主に若い恒星や星間物質から成る渦状の腕が伸びているような形をした銀河のことです。

私たちの銀河系の場合、渦状腕《かじょうわん》を4本、小さな腕や弧を2本持っているらしいことが分かっています。バルジを取り巻く腕の部分をディスクと呼びますが、その直径は

銀河系の想像図

太陽系は銀河の中心から約２万6000光年離れている。

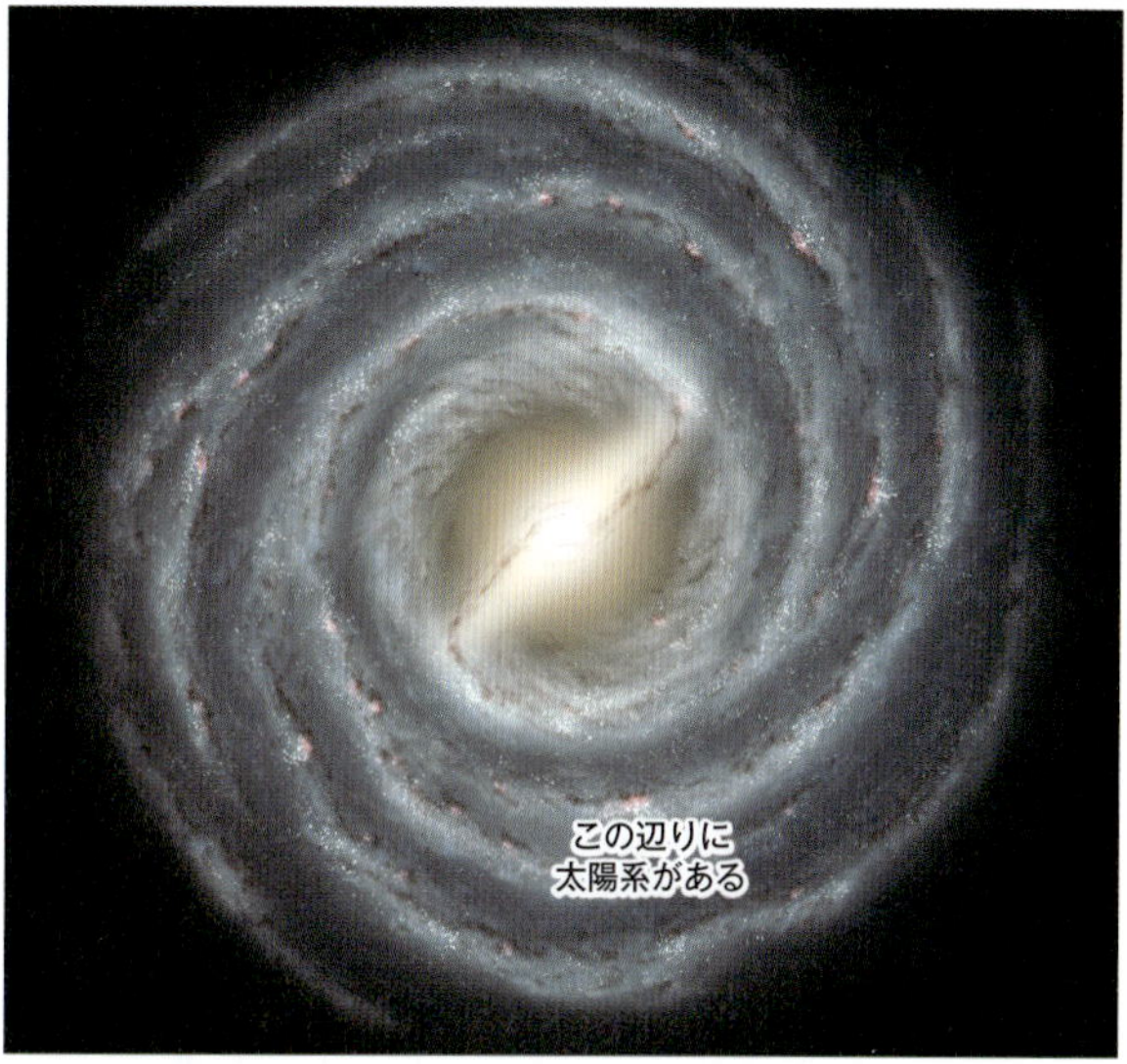

約10万光年（1光年は光が1年間に進む距離で約9兆5000億キロメートルに相当）にも及びます。

　銀河系の中心部はいて座の方向にあります。そこには、いて座A*と呼ばれるコンパクトな電波源があることが知られています。多くの銀河の中心には超大質量ブラックホールがあることが知られていますが、このいて座A*も超大質量ブラックホールであると考えられています。その質量は、周辺の恒星の運動から、太陽の約400万倍と推定されています。

私たちの太陽系は、銀河系の中心から約2・6万光年離れた、オリオン腕と呼ばれる小さな腕の内側に位置しています。太陽系はほぼ銀河面にあるため、銀河系を内部から真横に見ることになります。そのため、銀河系の星々は、地球を帯状に取り巻く形で分布することになり、それが天空を横切る天の川として見えているわけです。銀河系のことを、「天の川銀河」とも呼ぶのはそのためです。

さて、太陽系や地球は、今から約46億年前に銀河系で誕生しました。太陽は、銀河系にたくさん存在する恒星の一つにすぎませんから、太陽の誕生を理解するためには、一般に恒星がどのように誕生するのか、という知見が役に立ちます。

そして現在では、恒星の周りには惑星が形成されることが一般的であることも、観測の結果、明らかになってきました。すなわち、地球や太陽系の誕生を理解するためには、惑星系がどのように誕生するのか、という知見が役に立ちます。そこで、まず太陽がどのように誕生したのかについて簡単に見ていきましょう。

3 分子雲の収縮

宇宙空間には、恒星のほかに、星間《せいかん》物質があちこちに漂っています。星間物質の約99パーセントは水素やヘリウムから成り、残りの約1パーセントはそれよりも重い元素（ケイ素や炭素、鉄、マグネシウムなど）から成る星間塵《せいかんじん》と呼ばれる固体微粒子（ダスト）です。

星間物質が存在するといっても、通常は水素原子が1立方センチメートルあたり数個含まれている程度のきわめて希薄な状態です。しかし、これらが集まって密度の濃い領域を形成している場合があります。そうした領域を「分子雲《ぶんしうん》」と呼びます。分子雲の典型的な大きさは、直径100万光年、質量は太陽の10万倍です。オリオン座分子雲やおうし座分子雲などは特に有名です。

分子雲内部の密度はまだらで、中には「分子雲コア」と呼ばれる、特に密度の高い領域があちこちにあります。分子雲コアでは、水素分子が1立方センチメートルあたり1万〜100万個程度存在しています。分子雲コアの温度は絶対温度で約10ケルビン

●分子雲の例（イータカリーナ星雲）

分子雲は背景の光を遮るため、暗黒星雲とも呼ばれる。

（マイナス263度に相当）、質量は太陽の10倍程度です。

分子雲や分子雲コアは、ダストやガスによって背景の恒星からの光を遮るために真っ暗に見えることから、「暗黒星雲」と呼ばれることもあります。オリオン座の馬《ば》頭星雲《とうせいうん》などが有名な例です。

分子雲コアは、重力的に不安定で、自発的に収縮を起こします。あるいは、近くの大質量の恒星がその終末に超新星爆発を起こすと、その衝撃波が伝搬して、それがきっかけで収縮します。収縮によって物質が中心部に集中すると自分自身の重力によって、さらに収縮が進みます。

こうして、分子雲コアの収縮によって、星間ガスが中心部に集まり恒星が形成されます。太陽もこのようにして誕生しました。

最近の隕石の研究から、超新星爆発によってしか形成されない鉄の同位体（^{60}Fe）が発見されています。しかも、超新星爆発に由来する鉄の供給は、太陽系形成の開始直後だった可能性があるようです。

このことは、太陽系が誕生した際、近傍《きんぼう》には大質量星が存在していて、それが超新星爆発を起こしたこと、さらには、太陽近傍ではたくさんの恒星が同時に形成されていたことを示唆している可能性があります。

じつは、分子雲では、恒星が集団で誕生することが一般的です。「散開星団《さんかいせいだん》」と呼ばれるもので、数十から数百もの星々から成ります。例えば、おうし座のプレアデス星団は有名な例です。太陽も集団で誕生したものと考えられるのです。

ただし、一緒に誕生した星々は、重力的な束縛がよほど強くない限り、銀河系を周回する過程で離ればなれになってしまうため、どれが一緒に生まれた星なのかは分からなくなります。太陽と一緒に誕生した星がどれなのか、今となってはまったく分かりません。

4 原始太陽の誕生

分子雲コアが収縮すると、質量の大半は中心部に集まり、「原始星《げんしせい》」が誕生します。現在の太陽のように、中心部で核融合反応が生じて自ら光り輝く恒星を「主系列星《しゅけいれつせい》」と呼びますが、原始星とは、主系列星になる以前の、誕生したばかりの恒星のことです。

原始星の周囲には「降着円盤《こうちゃくえんばん》」と呼ばれるディスク状の領域が形成されます。原始星には降着円盤を通じてガスが超音速で落下してきて衝撃波面を形成します。そこでは、運動エネルギーが熱に変換される結果、原始星は非常に明るく輝きます。

ただし、まだ周囲を暗黒星雲が覆っているため、原始星を直接見ることはできません。原始星は、ゆっくりと収縮しながら重力エネルギーを解放して輝き続けます。

原始星に落下してきた物質の一部は、原始星の両極方向、すなわち円盤に対して垂直方向にジェット（宇宙ジェットあるいは双極《そうきょく》分子流などとも呼ばれる）として放出されます。そして、これが周囲の物質と衝突して輝いて見える天体のことをハービッグ・ハロー天体と呼びます。降着円盤もジェットも、重力の強い高密度天体などにおいて一般的に見られる現象で、例えばブラックホールなどでも知られています。

その後、原始星は強い恒星風によって周囲のガスを散逸させます。その結果、やがて中心部の星が直接見えるようになります。この段階の星を、「おうし座T型星《がたせい》」と呼びます。おうし座T型星の多くは周囲に回転するガス円盤を伴っている、ということが知られています。この円盤は、「原始惑星系円盤」と呼ばれています。


次項以降で述べるように、原始惑星系円盤はほとんどが水素とヘリウムのガスから成りますが、わずかに含まれるダストが材料物質となって、やがて惑星が形成されることになります。原始惑星系円盤は、まさに惑星が形成されている現場なのです。

おうし座T型星の中心部の温度は低く、まだ核融合反応が生じていません。その代わり、収縮に伴って重力エネルギーを熱として解放することで、光り輝いています。

しかし、収縮がさらに進むと、おうし座T型星の中心部の温度が上昇して、水素をヘリウムに変換する核融合反応が生じるようになります。これが、主系列星の誕生です。

私たちの太陽も、今から約46億年前に、まさにこのようにして誕生したものと考えられています。また、若い星の観測から、初期の太陽は強い紫外線やX線を放っていたよ

●おうし座 HL 星の原始惑星系円盤

この原始惑星系円盤は、アルマ望遠鏡で撮影されたもの。生まれたばかりの若い星の周辺で原始惑星円盤が観測されることが多い（©ALMA[ESO ／ NAOJ ／ NRAO]）。

うです。

一方で、その明るさは現在の70パーセント程度しかなく、今よりもだいぶ暗かったものと推定されています。

そうした特徴は、初期地球の環境形成にも大きな影響を与えていたはずです。その問題については、また章を改めて考えてみたいと思います。

5 原始惑星系円盤の形成

おうし座T型星の周囲には、回転するガス円盤、すなわち原始惑星系円盤が形成されています。分子雲コアの収縮に伴って、ガスやダストは中心部に落ち込んで原始星を形成します。その際、ガスやダストは、原始星の周りを回転しながら落ち込むことになります。

ガスの回転速度は中心部に落ち込むほど速くなります。これは、いわゆる角運動量保存の法則によるもので、フィギュアスケートでスピンをしながら広げた両手を縮めると回転速度が速くなったり、洗面所のシンクの水が排水口に吸い込まれるにつれて速く回転したりすることなどと同じ現象です。

ガスやダストが回転しながら原始星に落下していくと、中心方向に引っ張られる重力と反対方向に働く遠心力とがつり合うようになり、平らな円盤状になります。これによって、原始惑星系円盤が形成されるのだと考えられます。

アルマ望遠鏡を用いた原始星の観測によると、原始星を取り巻いている周囲のガス

●原始星へと落ち込むガスのイメージ

ガスが回転しながら原始星へと落ち込んでいる。遠心力バリアの内側には原始惑星系円盤が形成されている（画像提供：理化学研究所　坂井南美）。

（「エンベロープ」と呼ばれる）は、重力と遠心力とがつり合う軌道半径を越えてさらに内側に流入し、ある場所に「遠心力バリア」と呼ばれる領域を形成していることが分かってきました。すなわち、遠心力バリアの外側がエンベロープで、内側が原始惑星系円盤ということになります。

　さらに、遠心力バリアを境に、ガスの化学組成が劇的に変わり、遠心力バリア付近でのみ見られる分子の存在が明らかになりました。おそらく、遠心力バリアの内側では物質が滞留しており、遠心力バリアに落ち込んできたエンベロープガスがぶつかることで衝撃波が発生し、それによる加熱で氷成分が蒸発するなどして、遠心力バリア付近でのみ特定の分子がガスとして存在しているらしいこと、そして原始惑星系円盤内は密度が高く低温で、多くの分子が氷となってダストに張り付いてしまうため、ガスの組成がエンベロープとは異なるものになるからではないかと考えられています。このことは、エンベロープと原始惑星系円盤は連続的につながっており、エンベロープガスがしずしずと原始惑星系円盤に流れ込んでいる、というこれまでのイメージを覆す大きな発見です。

私たちの太陽系を形成することになった原始惑星系円盤（原始太陽系円盤とも呼ぶ）もこのような状態にあったものと考えられます。原始太陽系円盤の化学組成や構造はどのようなものだったのでしょうか。

太陽系の誕生を知ることは、今となっては大変難しい問題のように思われますが、隕石などの始原的な太陽系物質に残された証拠を詳しく調べるとともに、宇宙における若い星の周りの原始惑星系円盤に関する研究によって、その手がかりが得られる可能性もあるのです。

6 微惑星から原始惑星へ

原始惑星系円盤の大部分は水素とヘリウムのガスから成りますが、1パーセント程度の固体微粒子（ダスト）が混ざっています。これは、主にケイ酸塩鉱物《さんえんこうぶつ》（ケイ素の酸化物や金属元素からなる、主として岩石を構成する鉱物）、水やメタン、アンモニアなどの氷、そして有機物などのミクロンサイズかそれよりも小さい微粒子です。これらのダストが材料物質となって、やがて巨大な惑星が形成されるのです。

ダストは、中心星からの重力によって原始惑星系円盤の赤道面に集まってきます。集まる過程で互いにぶつかり合うと、粒子を構成している分子間の化学的な結合力によってくっついて、空隙《くうげき》の多い集合体として成長していくと考えられています。ただし、原始惑星系円盤ガスが乱流状態にあると、風で吹き上げられたりして赤道面になかなか集まれないのではないかという問題が指摘されています。

また、メートルサイズにまで成長すると、ガスの抵抗によって中心星に落下してしまうという問題も指摘されています。

しかし、もし仮に原始惑星系円盤の赤道面にダストが集まることができたと考えると、非常に薄い層に大きな質量が集まって重力的に不安定になります。その結果、ダストの層は、あるスケールの塊に分裂し、「微惑星《びわくせい》」と呼ばれる、直径数キロメートルから10キロメートル程度の小天体が無数に形成される、と理論的に考えられています。微惑星は、太陽系の内側では岩石や金属から成ります。

一方、太陽系の外側は温度が低いため、内側では気体として存在していた水蒸気が凝結して氷となっています。水蒸気が氷となる境界は「スノーライン」と呼ばれ、太陽系では約2・7天文単位（1天文単位は太陽・地球間の距離で約1億5000万キロメートル）付近にあったと考えられています。このため、スノーラインよりも外側で形成された微惑星は、氷を主体としたものになります。水蒸気は岩石や金属にくらべてずっと大量に存在するため、太陽系の外側では膨大な量の氷微惑星が形成されました。

微惑星は、中心星の周囲を回転しながら互いに衝突を繰り返しますが、多くの場合、衝突によって合体し、どんどん大きく成長していくものと考えられています。大きな微惑星は重力が強いため、さらに微惑星を引き寄せるとともに、衝突によって破片が飛び散っても重力によって集めることで、ますます成長していきます。大きいものはより大きくなっていく、というこのような成長の仕方を、暴走成長と呼びます。

やがてある程度の大きさにまで成長すると、成長にブレーキがかかるようになり、その結果、同じようなサイズの天体がたくさんできて、一緒に成長するようになります。このような天体は、惑星を形成するもとになるため、「惑星の胚子《はいし》」と呼ばれる場合があります。

惑星の胚子どうしが衝突して、さらに火星くらいのサイズにまで成長したものを、「原始惑星」と呼びます。原始惑星どうしの衝突は、惑星が壊れるような破局的なイベントです。こうした衝突は、「巨大衝突（ジャイアントインパクト）」と呼ばれます。

地球も、巨大衝突を何回か繰り返して、現在の大きさにまで成長したと考えられているのです。

●原始太陽系円盤の初期進化

固体微粒子（ダスト）が原始太陽系円盤の赤道面に沈殿して、微惑星が形成される。

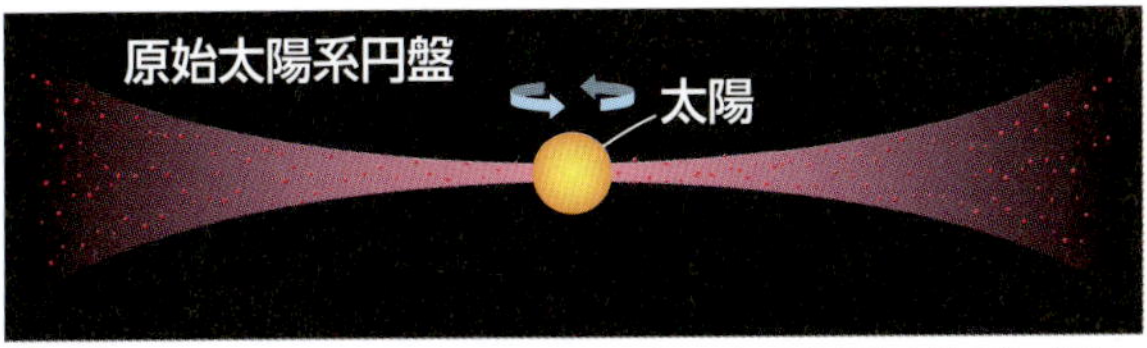

❶ 原始太陽系円盤は、ガス成分（水素とヘリウム、約99%）と固体微粒子（約1%）で構成される。

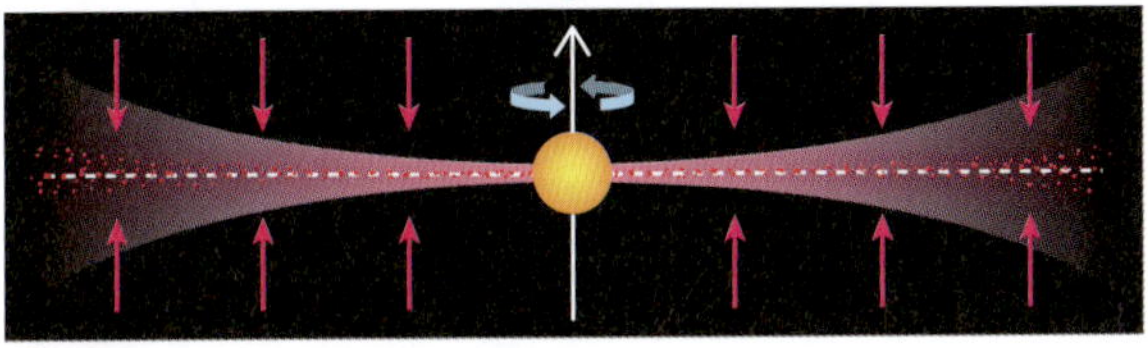

❷ 固体微粒子が沈殿してダスト層を形成。

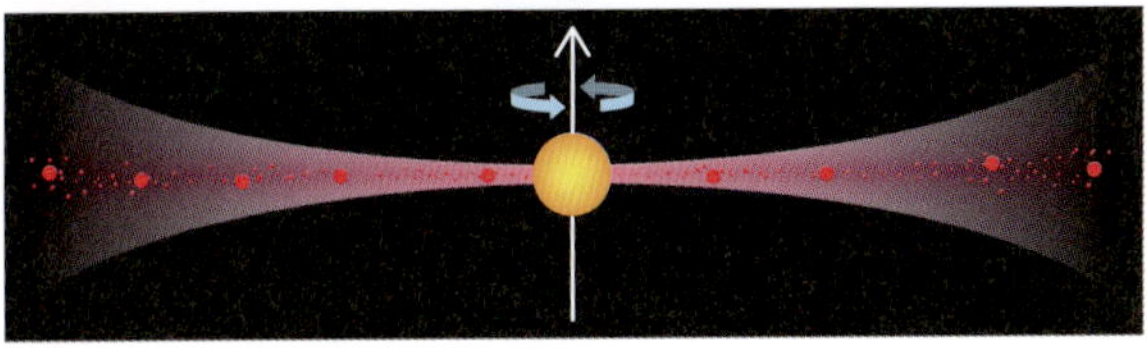

❸ 分裂したダスト層が微惑星となる。

7 氷微惑星と巨大惑星の形成

太陽系には8つの惑星が存在します。太陽系の内側領域を回る水星・金星・地球・火星は主に岩石から成る岩石惑星で、外側領域を回る木星・土星は主に氷と岩石から成るコアを水素とヘリウムが取り巻く巨大ガス惑星、さらにその外側を回る天王星・海王星は質量の大半を氷が占める巨大氷惑星です。それぞれ地球型惑星、木星型惑星、天王星型惑星とも呼ばれます。これらの惑星の特徴の違いは、材料物質である微惑星の組成と量、そして形成のタイミングなどの違いによるものだと考えられます。

岩石惑星、特に金星は、地球と同様のプロセスによって形成されたものと考えられます。すなわち、微惑星の集積によって原始惑星が形成され、それらが巨大衝突をして誕生したというものです。ただし、火星は原始惑星の生き残りかもしれませんし、地球と比べて巨大なコア（質量の70パーセント）を持つ水星は、巨大衝突によってマントルがはぎとられた結果、現在の姿になったのかもしれません。

一方、巨大ガス惑星の惑星形成領域はスノーラインよりも外側だったため、材料物質となる氷微惑星が大量に形成されました。そのため、原始惑星（「原始惑星コア」と呼ぶ）は地球質量の10倍程度にまで成長します。原始惑星コアの周囲には円盤ガスを重力により捕獲して大気が形成されていますが、強い重力によって大気の質量も膨大なものとなり、大気自身が周囲のガスをさらに引きつけることで、暴走的にガスを掃き集めます。木星の場合、地球の３００倍もの質量を獲得するに至りました。土星も同様ですが、木星より成長が数百万年程度遅れたため、原始惑星系円盤ガスの散逸が始まってしまい、木星ほど大量にはガスを捕獲できなかったと考えられます。天王星と海王星は、形成のタイミングが土星よりもさらに遅かったため、原始太陽系円盤ガスが散逸

●微惑星から惑星が形成されるまで

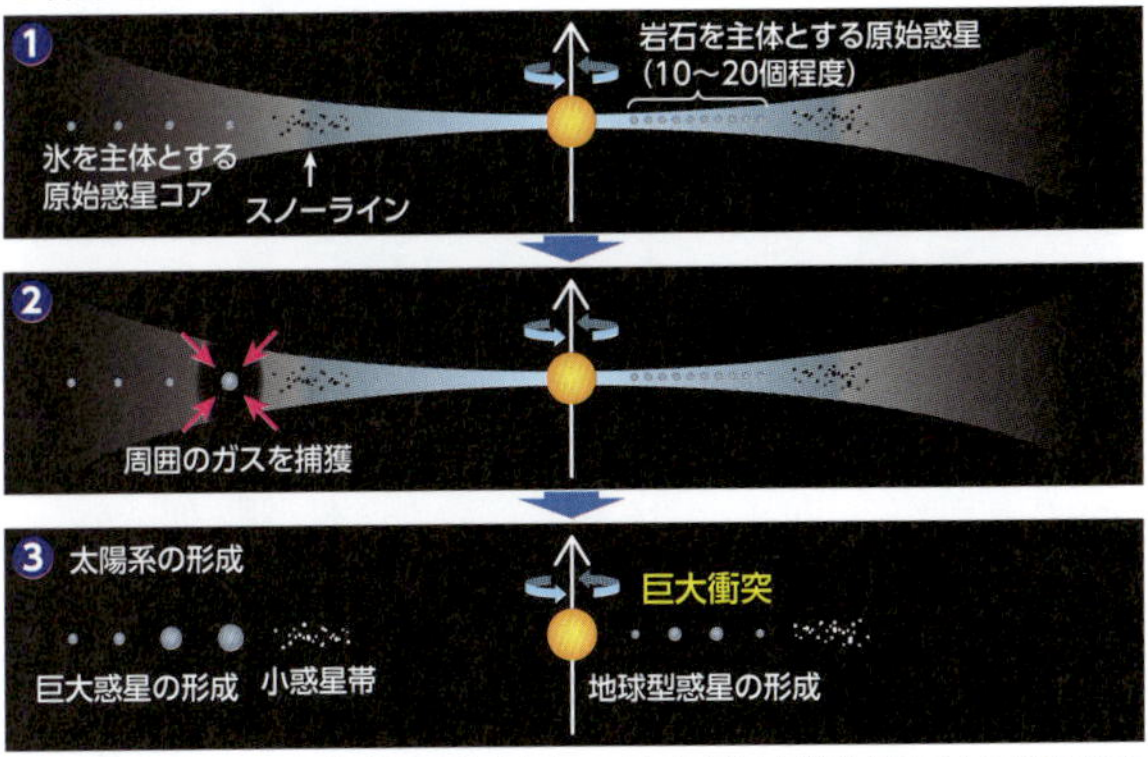

微惑星の集積により原始惑星が形成され、それらが巨大衝突を起こして地球型惑星が形成された。また、微惑星の集積により形成された原始惑星コアは、周囲のガスを捕獲して巨大ガス惑星が形成された。

してしまっていた結果、ほとんど氷から成る巨大氷惑星になったものと考えられます。ただし、惑星形成の理論によれば、海王星の形成には長い時間がかかり、46億年経過した現在でも、まだ形成されていないはず、ということになります（何か理論に見落としがあるのかもしれませんが）。別の説明として、海王星はもっと内側の軌道で形成された後、現在の軌道に移動したのではないかという可能性も考えられます。

系外惑星系（太陽系以外の惑星系）では、太陽系でいえば水星よりも内側の軌道を回る木星や海王星のような巨大惑星が発見されています。「ホットジュピター」とか「ホットネプチューン」と呼ばれるこれらの惑星は、もともと外側軌道で形成され、中心星のごく近傍まで移動してきたと考えられています。惑星移動は、惑星形成ではごく一般的なプロセスのようです。

太陽系においても、木星などの巨大惑星は、当初は太陽系の内側に向かって移動したが、途中で土星との軌道共鳴（公転周期が整数比となることで重力的に強い相互作用が生じる現象）の影響を受けて反転し、逆に外側に向かって遠ざかり、現在の軌道になった、とする仮説（グランド・タックモデル）が提唱されています。そのように考えると、現在の太陽系の特色や小天体の分布などが説明できることから、注目を集めています。

●太陽系の惑星の形成

天王星型
氷や岩石から成る
水素・ヘリウム大気
巨大氷惑星
海王星
天王星
木星型
水素やヘリウムから成る
とても厚い大気
巨大ガス惑星
土星
地球型
岩石や鉄から成る
薄い大気
木星
火星
地球
金星
水星

8 巨大衝突と月の誕生

地球は、火星サイズ（地球質量の約10分の1）の原始惑星が10回程度、巨大衝突して形成されたものと考えられています。とりわけ、最後の巨大衝突は、破局的なものでした。ほぼ現在のサイズの地球に火星が衝突したことを想像してみれば分かるのではないかと思います。巨大衝突によって、原始地球は数千～数万度に加熱され、大規模な蒸発と溶融が生じたと考えられます。

蒸発した岩石は、数千度の岩石蒸気の大気となって地球を取り巻きます。地球は表面から深部まで溶融し、「マグマオーシャン」と呼ばれる状態になりました。岩石と金属鉄（金属状態の鉄のこと。鉄は岩石にも含まれるので、それと区別するためにあえてこう呼ばれる）が混ざっていても、岩石が大規模に溶融することで、岩石と金属鉄はすみやかに分離して、密度の重い金属鉄は中心部に集まります。地球のコアの形成です。

衝突によって一部の物質は地球の周囲にまき散らされることになります。それらの破片の大部分は、地球の重力によって再び地球に落下してきます。

しかし、地球の周囲を回っている間に衝突合体しながら成長するものもありました。

約1カ月間という短い期間に衝突合体して形成されたのが、月だと考えられています。

アメリカ航空宇宙局（NASA）のアポロ計画（1961〜1972年）では、全6回の有人月面着陸に成功し、月から大量の岩石試料を地球に持ち帰りました。その試料を調べた結果、月の化学組成は地球のマントルとほとんど同じであることが分かりました。このことは、月の起源に強い制約条件を与えることになります。すなわち、地球のマントルと月は同じ物質でできていること、月には地球のような大きなコアが存在しないこと、を同時に説明できなくてはならないからです。また、月も形成期にはマグマオーシャンに覆われていたことが分かりました。このことも説明できなければなりません。

月の起源には大きく3つの仮説がありました。初期の地球は高速回転していて遠心力によって一部がちぎれて月になったという「分裂説」、地球と月が一緒にできたという「兄弟（双子）説」、別の場所でできた月が地球の重力によって捕獲されたという「捕獲説」です。しかし、月の化学組成が地球の（コアを除いた）マントルと同じだとすれば、兄弟説や捕獲説では説明できません。かといって、分裂説は物理的に可能とは思われません。月の起源は大きな謎でした。

ところが、原始地球に火星サイズの原始惑星が衝突した結果、放出された地球のマントルの一部が、約1カ月という短期間で集積して月になったと考えれば、前述の制約条件をすべて満たせます。そのため、この巨大衝突（ジャイアントインパクト）説は、月の起源を説明するきわめて有力な説となりました。

しかし、巨大衝突説にも悩ましい問題があります。それは、さまざまな条件で数値シミュレーションをしてみると、月が巨大衝突によって形成される条件はかなり限られ、月が形成される場合も、衝突天体自体が飛び散って月が形成されるケースばかりだ、という問題です。これでは、月の起源の謎を本当に説明できたことにはなりません。

そのため、火星サイズの原始惑星ではなく、もっと小さな微惑星が多数回衝突することによって月が形成されたのではないかといった説など、別の可能性も議論されており、現時点ではまだ決着はついていません。

誕生したばかりの月は、地球から2万キロメートルしか離れていなかったと推定されています。月は、地球と潮汐《ちょうせき》力を介した相互作用によって、地球史を通じて徐々に角運動量を失いながら地球から遠ざかり（その代わり地球の自転速度は遅くなり）、現在のように38万キロメートル離れることになったものと考えられています。

●巨大衝突（ジャイアントインパクト）の想像図

巨大衝突説では、原始地球に別の原始惑星が衝突し、放出された物質が再集積して月が形成されたと考えられている。

9 マグマオーシャンの冷却と地球システムの形成

巨大衝突によって地球は大規模に溶融してマグマオーシャンが形成されました。地表は岩石蒸気（岩石が熱せられて蒸発し、高温のガスの状態で地球を取り巻いたもの）の大気に覆われていました。数千度という高温状態であったため、地球は宇宙空間に熱を放出して急速に冷却していきます。そして、大気の温度が十分に低下すると、鉱物が凝結して地表に雨を降らせます。

岩石蒸気が晴れても、100気圧に及ぶ水蒸気と同じく100気圧に及ぶ二酸化炭素の大気が取り巻いているため、地表面の熱は宇宙空間に放出されにくくなっていました。それは、水蒸気や二酸化炭素は、地表面からの熱放射（赤外線）を吸収する性質、すなわち温室効果を持つからです。そして、マグマオーシャン内部から表面に大量の熱が運ばれてくる結果、数百万年にわたってマグマオーシャンが維持されることになります。このような状態は、「暴走温室状態」と呼ばれます。

暴走温室状態というのは、地表面に大量の熱が供給されることによって、水がすべて蒸発し、地表面温度が暴走的に上昇。ついには地表面を構成する地殻の岩石が溶融してマグマオーシャンが形成されるような条件のことをいいます。

地表面に供給される熱は、この場合はマグマオーシャン内部からの熱ですが、太陽からの放射エネルギーでも同じ現象が生じます。現在の地球条件ではこのような現象は生じませんが、地球より太陽に近い軌道を回っている金星の条件では、暴走温室状態が発生します。

暴走温室状態は、液体の水が存在できない条件ということで、系外惑星のハビタビリティ（生命生存可能性）を議論する際、重要な制約条件として登場しますが、実は形成期の地球はこの状態にあったのです。

やがて、マグマオーシャンが冷えてくると、地表面への熱の供給が低下して、暴走温室状態を維持できなくなります。すると、大気を構成している水蒸気が凝結し、大雨となって地表面に降り注ぎます。２００度を超す熱い雨です。これによって、地表のマグマは固まって原始地殻を形成します。雨は数百年にわたって地表面に降り注ぎ、地表の大部分を覆う広大な海を形成します。

大気中に含まれていた二酸化炭素や塩素、硫化水素、二酸化硫黄などは水に溶けて、それぞれ炭酸、塩酸、硫酸となります。その結果、強酸性の熱い雨が地殻を構成する岩石と反応することになり、ナトリウムやカルシウム、マグネシウム、カリウム、鉄などの陽イオンが溶け出てきます。

こうして、海水は急速に中和され、初期海洋が誕生しました。また、水蒸気が凝結して、さらに水に溶解する成分が取り除かれた原始大気は、水素や二酸化炭素、一酸化炭素、窒素などから成る初期大気に変貌しました。

こうして、最後の巨大衝突に始まる一連のできごとが終わると、地球はコア、マントル、地殻、海洋、大気を持つ姿となり、現在の地球システムの構造がほぼできあがったものと考えられます。

地球がいつ誕生したのかを定義することは実はとても難しいのですが、最後の巨大衝突の後、初期の大気と海洋が形成されたときをもって地球の誕生と考えるのが、一番分かりやすいかもしれません。

第2章

冥王代の地球

～初期地球環境と生命の起源～

1 誕生直後の地球

地球が誕生した約46億年前から約40億年前までの初期数億年間は「冥王代《めいおうだい》（Hadean）」と呼ばれる時代です。その時代名は、ギリシア神話の冥界の神ハデス（Hades）から名付けられました。実際、地質学的証拠がほとんど残っていないため、その詳細は謎に包まれた「暗黒の時代」です。物質的な証拠がほとんどないため、この時代の地球については、主として理論的な研究や太陽系のほかの天体（とりわけ月）の研究によって推定されてきました。しかし、後で述べるように、わずかに残された物質的証拠からもいろいろ議論されるようになってきました。

巨大衝突から数百万年後の地球は、水素や一酸化炭素などの還元的な気体（物質から酸素を奪う気体）を含む、二酸化炭素に富んだ大気をまとい、地表面は海洋に覆われていたと考えられています。現在の地球大気の主成分の一つである酸素は、ほとんど含まれていませんでした。

マグマオーシャンの表面は、水蒸気大気が凝結して地表に降った雨によって急冷固化

●初期地球の想像図

初期の地球は、天体衝突の影響によってときおりマグマポンドが出現する過酷な環境だったと推測される。

して岩石質の地殻を形成していました。最初の雨は、200度を超えるような高温（圧力が高いので100度を超えても液体の状態で存在できる）で、しかも大気中に大量に含まれていた水溶性の気体が溶解することで塩酸や硫酸に富む強酸性を呈していたと考えられます。このような雨と地殻が激しく反応することによって、地殻からナトリウムなどの陽イオンが溶け出して、初期の海水は急速に中和されたはずです。したがって、海水は、形成された直後から、現在と同様に「しょっぱい」味がし

たことでしょう。

海底には岩石質の地殻が形成されていましたが、それはほんの薄皮一枚といえるもので、その直下には依然としてマグマオーシャンが存在していました。マグマオーシャンの冷却には長い時間を要するため、その後数億年間にわたって存在し続け、激しく対流し、ときには地殻を突き破ってマグマの池（マグマポンド）をつくったりしたであろうことが理論的に示唆されています。


また後述しますが、地球史初期の数億年間は小天体の激しい衝突が生じていたことが、きわだった特徴です。このことは、月面に残された無数の衝突クレーターから示唆されています。現在でも小天体の衝突は起こっていますが、その頻度はかなり低く、大きな天体の衝突はまれです。しかし地球史初期においては、衝突頻度は現在よりもはるかに高く、中には大きな天体の衝突によって地殻が破壊されたり、マグマポンドが形成されたり、海水がすべて蒸発して干上がるような事態も何度か生じた可能性があるようです。

このような、現在の地球環境とはかなり異なる条件のもとで、最初の生命が誕生したと考えられています。

2 最古の地殻物質

冥王代の物質的な証拠はほとんど残されていないと述べましたが、何もないわけではありません。代表的なものに、ジルコンと呼ばれる鉱物粒子があります。ジルコンは、ジルコニウムという元素を多く含むケイ酸塩鉱物で、火成岩中に微小な結晶として広く産するものです。ジルコンは、物理的にも化学的にも強く、母岩が風化・浸食・運搬・堆積・続成（堆積物の固結による堆積岩の形成）などの作用を受けて跡形もなくなってしまっても、ジルコンだけは砕屑《さいせつ》粒子として、堆積岩中に残されることがあります。

その最も古いものが、オーストラリア西部のジャックヒルズと呼ばれる場所で発見されています。約30億年前の堆積岩の中から見つかった砕屑性のジルコン粒子の年代を測ってみると、古いものの多くは40億年から42億年前のものですが、その中から44億4００万年前（誤差プラスマイナス８００万年）という年代値を持つ粒子が発見されたのです。地球が誕生して1億年余りしか経っていない時代ということになります。まさに地球最古の物質です。

このジルコン粒子の化学組成や酸素の同位体などの詳細な分析により、この粒子を形成するもとになったマグマは、マグマオーシャンのような始原的な組成ではなく、花崗岩をつくるようなマグマであり、さらには低温条件で水と反応した可能性が高いとされました。これが意味することは、ジルコン粒子の母岩は、大陸地殻を構成する代表的な岩石である花崗岩である可能性が高いこと、そしてその形成には地表付近に存在した水、おそらくは海水が関与した可能性が高いということです。すなわち、地球形成直後の時代に、海洋と大陸地殻が形成されていたことが示唆される、ということになります。

一粒の鉱物粒子からそんなことまで分かるとしたら驚きというほかありませんが、もしそれが本当であれば、地球史最初期の環境を制約するきわめて貴重な情報ということになります。

ジルコンは鉱物粒子でしたが、最古の岩石として有名なものは、カナダのノースウェスト準州で発見された、約40億3100万年前のアカスタ片麻岩《へんまがん》と呼ばれる岩石です。その母岩は42億年前の花崗岩である可能性があり、それが変成作用を受けて片麻岩になったと考えられています。ということは、母岩は花崗岩質の大陸地殻であった可能性が高く、やはり大陸地殻は地球史初期から形成されていたことが示唆されます。

さらに古い岩石として2008年に報告されたのが、同じくカナダのケベック州北部

●アカスタ片麻岩

約 40 億 3100 万年前という年代値を示す岩石で、カナダのノースウェスト準州で発見された（画像提供：神奈川県立生命の星・地球博物館）。

のハドソン湾東岸に分布するヌブアギトゥク表成《ひょうせい》岩帯《がんたい》で、約42億８０００万年前の海洋地殻と考えられる岩石であることが分かりました。ただし、その年代についてはいろいろ議論があるようです。最近の研究によれば、もしかすると約44億年前にまでさかのぼる可能性もあるという報告がなされており、それが本当であれば地球誕生後間もない時期の海洋地殻の破片が現在も残っているということになります。

冥王代は、これまで物質的証拠がほとんど残っていないとされてきましたが、今後さらに新しい発見がもたらされることを期待したいところです。

3 小天体の重爆撃

冥王代にはいくつかの物質的な証拠が残されているとはいえ、それはきわめて断片的なものであり、そこから得られる情報は限定的です。そもそも、当時の物質がほとんど残っていないのはなぜなのでしょうか。

現在の地球表面は何枚かのプレートと呼ばれる岩盤から成っており、それらは運動していることが知られています。「プレートテクトニクス」と呼ばれる、地球に特徴的な地表面の活動様式です。プレートは、中央海嶺と呼ばれる場所で生産され、海溝《かいこう》と呼ばれる場所で地球内部に沈み込んでいます。もし地球史最初期からプレートテクトニクスが生じていたとすれば、当時の地表面を構成していた地殻は、すべて地球内部に沈み込んでしまったため、現在は残っていないということなのかもしれません。

あるいは、地球史最初期の地殻は非常に薄く、すぐ下にはマグマオーシャンが存在していたこともあり、地殻は容易に破壊されてマグマが広域的に覆う「地表更新」と呼ばれる現象が頻繁に生じていた結果、古い地殻がほとんど残らなかったのかもしれません。

いずれにしても、冥王代の物質が残っていないことには、当時の地球について、物質

●月面の衝突クレーター

月の表面には天体衝突で形成されたクレーターが数多く存在していて、地球や月が形成されて間もないころに、天体衝突が頻繁に生じていた証拠とされている。

科学的証拠に基づく議論をすることには限界があります。そこで、地球以外の天体について調べることで、太陽系最初期の状況を知る手がかりを得ることができないかということが考えられました。

地球に最も近い月の表面は、無数の衝突クレーターに覆われていることはよく知られています。

人類は、1961〜1972年にかけて実施された米国NASAのアポロ計画で、合計6回にわたって月面に着陸し、約382キログラムもの月の岩石試料を持ち帰りました。その年代測定によって、月は初期数億年間にわたって激しい天体衝突を受けていたことが明らかになったのです。当時の月は、地球のすぐ近くを回っていたと考えられています。月が多数の天体衝突を被っていたのだとしたら、月の100倍も重い地球は、その強い重力によって小天体を引きつけるため、月よりはるかに多くの天体衝突に見舞われていたはずです。

ところが、当時の天体衝突の証拠は、地球上には残っていません。地球史最初期の物質はほとんどすべて消失してしまったからです。しかし、質量が地球の約100分の1しかない月の場合、速やかに冷却して活動を停止したと考えられること（地域的には、かなり後の時代まで火成活動が生じていたことが分かっている）、また月には大気も水もないことから、風化作用や浸食作用も生じません。

その結果、最初期の地表面が大部分保存されているのです。だからこそ、地球ではさかのぼることのできない初期数億年の歴史を、月の表面に探れる可能性があるわけです。激しい衝突が頻繁に繰り返された初期の地球がどのような環境だったのかまでは分かりませんが、冥王代の地球を特徴付ける一つのキーワードが「衝突」であったことは間違いありません。このことが、冥王代の物質的証拠がほとんど消失してしまっていることと関係しているのかもしれません。

4

後期重爆撃期

アポロ計画によって地球に持ち帰った月表面の物質には、「インパクト・メルト（衝突溶融岩）」と呼ばれる、天体衝突の衝撃によって地殻物質が溶融した岩片が含まれています。その年代分布を測定したところ、38億年前から41億年前に集中していること、またそれより古いものが見つからないことが明らかになりました。このことは、今から38億～41億年前、とりわけ約39億年前をピークに激しい衝突が集中的に生じた可能性を示唆します。

月の形成は地球や太陽系の形成とほぼ同時期だと考えると、誕生から数億年を経て激しい天体衝突イベントが生じたということになります。そこでこのイベントは、「後期重爆撃」または「カタクリズム」と呼ばれています。

これがもし本当だとすると、地球でも同様のことが起こったはずですから、40億年前よりも古い地質記録が残っていない理由も、このことと関係している可能性があります。しかしなぜ、太陽系形成から数億年を経て、激しい天体衝突イベントが生じたのでしょうか。

●月面への天体衝突フラックスの変遷

月が誕生してから数億年間は衝突フラックス（単位時間あたりに衝突する天体質量の合計）が大きく、特に約39〜38億年前には後期重爆撃が生じた可能性も議論されている。

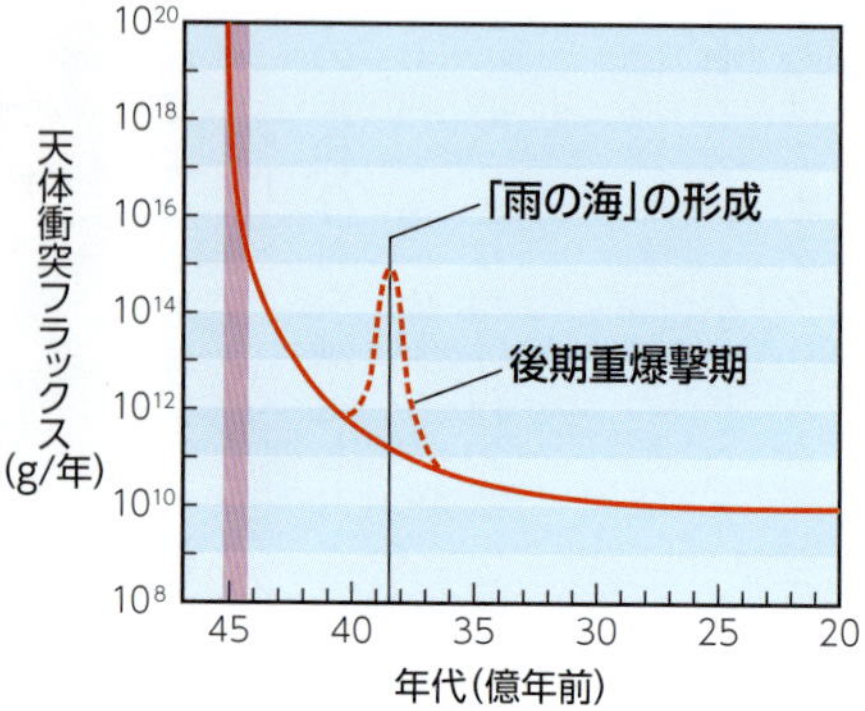

この奇妙な現象の説明として、最近注目されているのが、「ニースモデル」と呼ばれる、フランスのニースにあるコートダジュール天文台の研究グループが提唱した仮説です。

それによれば、太陽系形成初期には巨大ガス惑星の軌道配置が現在とは異なっており、微惑星との重力的な作用によって土星が外側に移動していきます。その過程で、木星との重力的な相互作用が特別に強くなる条件（軌道共鳴という）に至ったとき、氷微惑星や小惑星が重力的に散乱され、その一部が地球や月に飛来してきて後期重爆撃が生じた、ということになります。この仮説を用いると、土星の軌道が移動して軌道共鳴に至るまでには長い時間がかかるため、太陽系形成から数億年後という時間差をうまく説明することができるのです。

しかしながら、そもそも後期重爆撃が本当に生じたのかについては、当初から反論がありました。月の表面には「海」と呼ばれる暗い平原がいくつか知られていますが、これらは直径数百キロメートルの「衝突盆地」と呼ばれる巨大衝突クレーターの内部を、噴き出した溶岩が覆ったものです。インパクト・メルトの年代値が約39億年前にピークを持つのは、約39億年前に形成された「雨の海（Mare Imbrium）」として知られている衝突盆地に由来したインパクト・メルトが、すべてのアポロ着陸地点に飛来し、それが選択的に採取されたためである、という可能性が考えられます。また、月の歴史を通じた激しい天体衝突によって、そもそも古い時代の岩石の年代がリセットされてしまった可能性も考えられます。したがって、現在知られている月のインパクト・メルトの年代分布は、バイアスのかかった見かけ上の年代分布である可能性もあるのです。

このように、後期重爆撃が本当にあったのかどうかはよく分かりませんが、それがあってもなくても、地球史初期には現在よりもはるかに激しい天体衝突が頻繁に生じていたことはほぼ確実だと考えてよいでしょう。

5 生命の起源

地球上の生命はいつどのように誕生したのでしょうか。きわめて根源的な問いであるとともに、現在でもよく分かっていない科学上の大問題の一つでもあります。

地球の年齢についてさまざまな考え方が提唱されたことを述べましたが、生命の起源についても、神話や宗教（すなわち神による創造）を含めてさまざまな説が提唱されてきました。現在、科学的な考え方として大きく2つのものがあります。

一つは、宇宙には生命もしくは「生命の胚」のようなものが飛び交っており、それが初期地球に飛来してきたとする、「パンスペルミア説」と呼ばれるものです。

この考えはSFのように聞こえるかもしれませんが、現在では必ずしもありえない話ではないと考えられています。というのも、天体衝突によって惑星の地殻物質が宇宙空間に放出されることが分かっており、宇宙線や紫外線が遮蔽《しゃへい》された放出破片内部の条件ならば生物が宇宙空間を移動することは可能と考えられるようになったからです。

ただし、この説でも、そのもとをたどればいつかどこかで生命が誕生しなければならないことには変わりありませんから、「地球生命の起源」はともかく、生命の起源そのものの説明にはなっていないことになります。

現在多くの科学者が支持するのは、初期の地球上において、無機物から有機物がつくられ、それらがもとになって最初の生命が誕生した、とするもので、「化学進化説」と呼ばれる考え方です。生命を構成する有機物は無機的に合成が可能であるという化学的な立場に立てば、きわめて自然な考え方であるといえます。

20世紀初め、アレクサンドル・オパーリンは、著書『地球上における生命の起源』においてこの化学進化説を唱えました。無機物からつくられた有機物が初期の海水中に蓄積していったはずであるということから、「有機物のスープ説」とも呼ばれます。

初期海水中で細胞膜のような構造が形成され、これが有機物を取り込んで、その中で代謝のような反応を生じるものが出現し、そうした中から生命と呼べるものが誕生したのではないか、と考えられているのです。この最初の生命は、周囲の有機物を取り込んで代謝する従属栄養生物だったとされます。

実際、生命の材料物質となるアミノ酸などの単純な有機物の無機的な合成は可能であることが、1953年にハロルド・ユーリーと彼の学生だったスタンリー・ミラーによって示されました。「ユーリー＝ミラーの実験」として知られる、大変有名な研究

●ユーリー＝ミラーの実験

原始大気を模したガスに放電を行うと、アミノ酸が形成されることを実験から確認した。

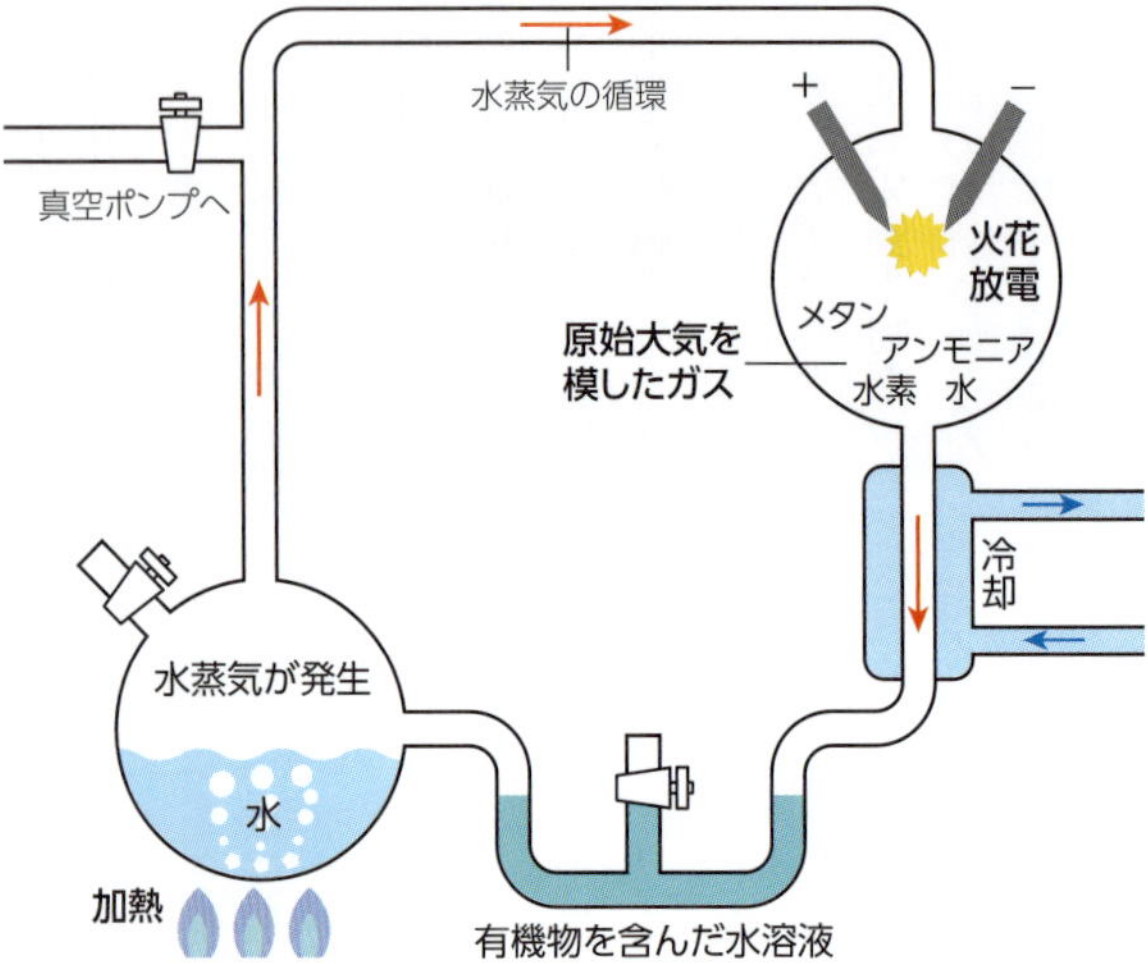

です。彼らは、地球の初期大気を模擬するため、フラスコに水素、メタン、アンモニアのガスを封入し、水を熱して水蒸気を循環させ、雷を模擬した火花放電を行ったところ、アミノ酸が生成することを見出しました。

この実験は、初期の地球上でも、無機物から有機物が合成され、やがて生命の誕生をもたらしたのではないか、という化学進化の考え方を強く支持する根拠とされました。

6 生命の材料物質

ユーリーは、地球は塵が集まって形成され、低温条件で周囲のガスを捕獲したと考えました。その場合、初期大気は水素やメタン、アンモニアという還元的な組成になります。そのような大気は「一次大気」と呼ばれます。木星の大気が、まさに一次大気です。そのため、ユーリー＝ミラーの実験ではそのような初期大気が仮定されました。

ところが、ユーリー＝ミラーの実験が行われていたちょうどそのころ、地球の大気は一次大気ではないことが希ガスの研究から明らかになりました。地球大気は太陽よりも隕石に含まれる希ガス組成に似ていることが分かったのです。このことから、地球大気は、いったん惑星の材料物質に取り込まれたガス成分が、後から脱ガス（揮発性物質の放出）してできた脱ガス大気である、とされたのです。

そのような大気は「二次大気」と呼ばれます。二次大気は、二酸化炭素や窒素などからなる酸化的な大気であると考えられました。有機物は還元的な物質ですから、酸化的な組成の大気からは生成しにくく、実際、炭素がすべて二酸化炭素として存在する場合は、アミノ酸はほとんど生成されないことが分かりました。

その後、惑星形成に関する理解が進み、地球は塵が集まってできたのではなく、微惑星の衝突によって高温条件で形成されたと考えられるようになりました。そして、巨大衝突などの結果、マグマオーシャンが形成されたであろうことが分かってくると、初期大気の組成もその影響を受けると考えられるようになりました。

マグマオーシャン中に金属鉄が含まれると、大気と金属鉄の反応によって、初期大気は水蒸気や二酸化炭素だけでなく、水素や一酸化炭素などを大量に含む、より還元的な組成になることが明らかになったのです。二酸化炭素だけでなく、一酸化炭素やメタンが少しでも含まれていれば、アミノ酸は生成可能であることが実験的に分かっています。初期地球がどのような環境条件にあったのかが生命の誕生にとって重要なのです。

一方で、アミノ酸は、星間分子雲中のダスト表面における反応によっても生成されることが分かりました。実際に電波望遠鏡を使った星間分子雲の観測によって、アミノ酸の一種であるグリシンの前駆物質（生成前の段階にある物質）であるメチルアミンが、天の川銀河中心部の約10倍も存在することが明らかになりました。

また、マーチソン隕石という始原的な炭素質コンドライト隕石からは数十種類ものアミノ酸が発見されており、ヴィルト彗星やチュリュモフ・ゲラシメンコ彗星からもグリ

●グリシンの構造式

グリシンは最も単純な構造のアミノ酸である。

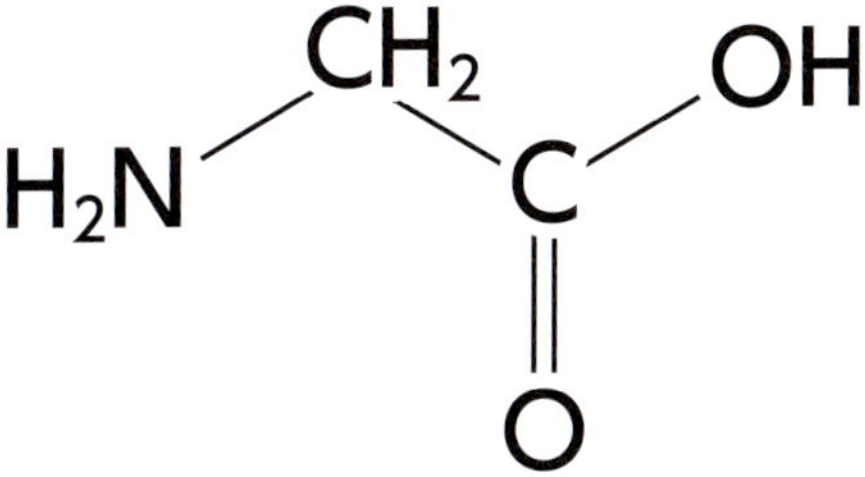

C：炭素　H：水素　O：酸素　N：窒素

シンが発見されました。前述のように、地球史初期の数億年間には小天体が高い頻度で地球に衝突していたと推定されており、大量のアミノ酸が地球に降り注いでいた可能性もあります。さらに、アミノ酸は、地球上の海底熱水作用や天体衝突によっても生成されることが、室内実験によって明らかになってきました。海底熱水作用や天体衝突は、どちらも初期地球における代表的なプロセスですから、初期地球上ではアミノ酸がとても効果的につくられていたのかもしれません。

アミノ酸は、初期地球や地球外の宇宙において、ごくありふれた物質であるらしいことも分かってきました。初期地球は、生命の材料物質で溢れていたのかもしれません。

7 生命へ至る道

前項でも述べたように、宇宙においてアミノ酸はありふれたものであるかもしれないことが分かってきました。ただし、アミノ酸はあくまでも生命の材料物質の一つでしかありません。

アミノ酸が重合《じゅうごう》（2つ以上の分子が化学的に結合し、もとのものより分子量の大きい化合物をつくること）して高分子化することによってタンパク質がつくられます。しかし重合反応はそう簡単には起こりません。

水の蒸発乾固《かんこ》を繰り返すような「干潟」のような環境を想定した実験を行うと、重合が生じることが知られています。あるいは、堆積物に含まれる粘土の表面が触媒のような役割を果たし、重合反応が促進されるとする考え方もあります。前者であれば、生命の誕生には陸が重要であった可能性が高く、後者であれば、生命の誕生は海底堆積物が重要だった可能性が高いということになります。

いずれにしても何らかの条件によってこうした重合反応が促進され、タンパク質がつくられたはずなのです。しかし、タンパク質には自己複製能力がないことが大きな問題です。

そもそも現生の生物においてタンパク質がどのようにつくられているかというと、遺伝情報であるDNAがメッセンジャーRNAに転写され、それが細胞質中のリボゾームに結合し、トランスファーRNAによって運ばれてきたアミノ酸とつながることでタンパク質に翻訳されます。DNAからタンパク質がつくられる流れは、「セントラルドグマ」と呼ばれます。ここに大きな問題が存在するのです。

DNAをつくる際にはDNA合成酵素が必要です。また、DNAからRNAをつくる際にはRNA合成酵素が必要です。それらはタンパク質なのです。すなわち、タンパク質の酵素としての役割（触媒作用）がなければDNAがつくれないことになります。しかしタンパク質をつくるためにはDNAが必要です。どちらが最初だったのでしょうか。これはまさに「卵とニワトリ」の関係です。この問題は生物学における最大の問題の一つといえます。

この説明として、DNAが先だとする「DNAワールド仮説」やタンパク質が先だとする「プロテイン（タンパク質）ワールド仮説」がありますが、どちらも多くの問題をかかえています。そこで現在多くの研究者が支持しているのが、第三の仮説、すなわち初期の生命はRNAを基礎としていたとする「RNAワールド仮説」です。

RNAとはリボヌクレオチドがつながった核酸（リボ核酸）で、DNAと同じく遺伝情報を担《にな》っています。ところが、なんと触媒作用を有するRNAが発見されたのです。このようなRNAは「リボザイム」と呼ばれ、RNA自身を切断したり、貼り付けたり、挿入したり、移動したりする「自己スプライシング」と呼ばれる機能を持つことが分かりました。このことは、初期の生命はRNAが遺伝情報と触媒機能の両方を担っていたのではないかとするRNAワールド仮説を強く支持する根拠となりました。

このように、生命の起源の理解は少しずつですが、進んできました。しかし、現在でもまだ生命を実験室でつくるにはほど遠い状況です。さらに、核酸はどうやってつくられたのか、アミノ酸のホモキラリティ（D体・L体の2つの鏡像異性体〔原子の立体配置が互いに鏡に写した物質どうし〕のうちL体のみが使われていること）はどうやって獲得されたのか、なぜ生命が使うアミノ酸は20種類だけなのか、遺伝暗号はどのように決まったのか、生命誕生の場は海底熱水系なのか陸上なのか……など、さまざまな研究が進んではいますが、まだまだ分からないことだらけです。生命の起源は、人類最大の謎の一つであり続けているのです。

第3章

太古代の地球

～地球史前半の環境と生命～

1

生物活動が活発だった太古代

今から40億年前から25億年前までの15億年間は「太古代（Archean）」と呼ばれる時代です。地球史の前半に当たりますが、冥王代と比べれば地質学的証拠がたくさん残っており、多くの研究がされています。

とはいえ、非常に古い時代であることには違いはなく、地質学的証拠も不完全なため、その解釈もなかなか難しく、まだよく分かっていないことが多いといえます。

当時の地球環境は、堆積岩の化学分析に基づいて議論されています。チャートという堆積岩中の酸素の同位体を用いた研究によれば、30億年前以前の海水温は55～85度以上もあった可能性があり、30億年前くらいから徐々に低下して現在に至ったようです。チャート中のケイ素の同位体を用いた推定からもほぼ同じ結果が得られています。

ただし、酸素同位体は、変成作用によって大きく変化しうるので、その解釈が難しいのです。それらは海底熱水作用の影響を反映した温度であり、海洋の表層水温ではないとする反論もあります。海洋表層水温を反映していると考えられるリン酸塩の酸素同位体比を用いると、当時の水温は30度程度であったという報告もあります。

しかし最近、まったく異なるアプローチによる研究結果が発表されました。

それは光合成を行う細菌であるシアノバクテリアのゲノム配列に基づき、分子系統学的手法で復元した祖先型タンパク質の熱安定性を調べた研究です。シアノバクテリアは光合成生物ですから、海洋の有光層と呼ばれる、太陽光が透過する浅い領域（深さ100メートル程度）に生息しています。得られた実験結果から、シアノバクテリアの祖先型タンパク質の熱安定性は時代をさかのぼるほど高い温度になり、約30億年前の海水温は70度以上であったということが示されたのです。

これらのことから、太古代は現在よりもはるかに高温環境だったか、少なくとも現在以上に温暖であったことは間違いなさそうです。このことは、後で述べるように、大きな矛盾をはらんでおり、その説明には大気組成が現在とは大きく異なっていたことが必要である、ということになります（108ページ参照）。

また、太古代においては、すでに生物活動が活発だったらしいことが、地質調査によって示唆されています。当時の生物はすべて単細胞の微生物（生物の分類でいうと原核生物、すなわち細菌および古細菌）であり、動物のような骨格や殻を持たないため、

●ストロマトライト

南アフリカ共和国にあるもので、太古代（約27億年前）のものとされる。

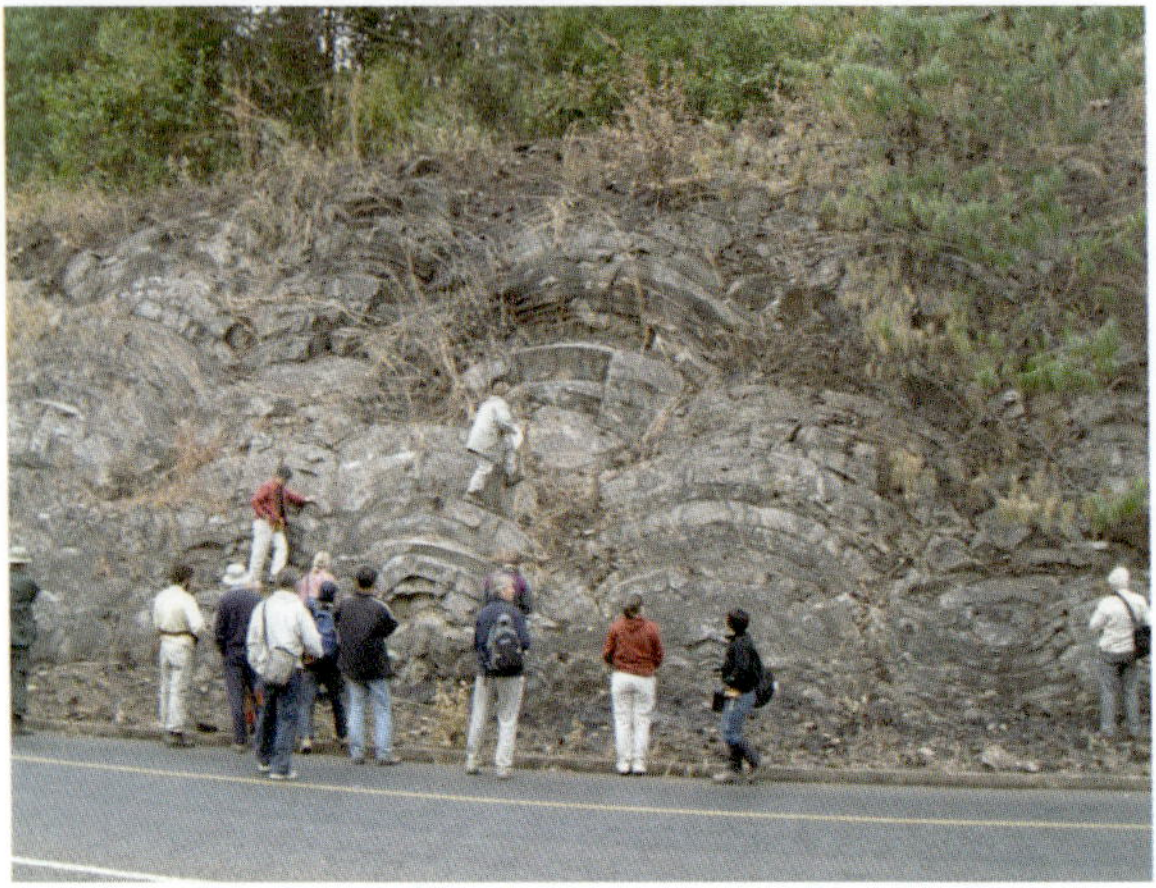

化石としてはほとんど残らないのですが、ごくまれに形態が保存されている場合があります。そのような「微《び》化《か》石《せき》」と呼ばれるものが、西オーストラリアのピルバラ地域における約34億年前の地層から発見されています。そうした研究によれば、化石の形態は非常に複雑かつ多様であることが分かりました。ただ、それらがどのような生物だったのかはよく分かっていません。

一方、微生物の活動によって形成される構造物は地層中に残されるため、間接的に生物活動の有無を知ることができます。

特に「ストロマトライト」（124ページ参照）と呼ばれる構造物は原生代や太古代には普遍的に見られます。ストロマトライトとは、現在でも限られた地域で形成されており、シアノバクテリアの作用によって有機物や砂、泥が層状に堆積してつくられるドーム状の構造物のことです。ただし、古い時代のストロマトライトには、通常は生物化石や有機物が残されていないため、果たして本当に生物起源なのかが疑われます。

しかし、西オーストラリアのピルバラ地域における約27億年前のストロマトライトの微細構造を詳細に分析した結果、有機物が残されていることが分かりました。すなわち、生物が関与した堆積構造であることが確実だと考えられます。

また、同じくピルバラ地域に分布する約35億年前の地層からもストロマトライトが確認されたとする報告があります。それがどのような生物の活動によるものなのかは分かりませんが、こうした生物の活動はかなり古い時代からあったといえるようです。

2 最古の生命活動の痕跡

太古代には生命活動のさまざまな証拠が残されていますが、それでは、最古の生命活動の証拠とはどのようなものなのでしょうか。

今から約38億年前に形成された地球最古の堆積岩とされるものが、西グリーンランドのイスア地域に露出しています。この堆積岩は長い年月を経る間に変成作用（温度や圧力などの変化によって、鉱物組成・組織などが変化する作用）や変形を被《こうむ》っています。その地層中には、グラファイト化（黒鉛化《こくえんか》）した炭素の微粒子が含まれており、炭素の同位体比を調べた結果、堆積時には生物の光合成活動に特徴的な同位体の変化を受けていた可能性があると考えられました。

光合成生物は、光のエネルギーを利用する独立栄養生物です。光合成によって、二酸化炭素が固定され、有機物が合成されます。光合成によって酸素が発生することはよく知られていますが、初期の光合成生物は酸素を発生しないタイプの光合成を行っていたのです。

一方、炭素の安定同位体は2種類（炭素12と炭素13）ありますが、光合成の際には、軽い炭素12をよりたくさん固定することが知られています。その結果、有機物の炭素同位体比はある特徴的な大きさだけ変化することになります。したがって、炭素同位体比を測定することで、光合成活動の影響を推察することができるのです。

ただ、イスア地域の堆積岩はあまりに古いがゆえに、二次的な変質を受けている可能性が高く、炭素同位体比はそれほど大きな変化を示していないように見えたり、ばらつきが見られたりするため、長い間、研究者の間で論争が続いていたのです。

この論争に決着をつけたのは、コペンハーゲン大学のミニック・ロージング博士が発見した黒色のバンド構造を持つ地層でした。この暗色の層は並行葉理《ようり》（堆積物に見られる縞《しま》状構造）を持っており、グラファイトに富むことが分かりました。そのグラファイトは2～5マイクロメートルの小球状で、堆積構造に沿って並んでいるなどの特徴を持っていました。さらに、その炭素の同位体比は生物活動に特徴的な値を持っていることも示されました。ロージング博士は、グラファイトのもとになった有機物は、おそらく浮遊性の光合成生物であろうと結論しました。これが本当だとすると、今から38億年前にはすでに光合成生物が出現して活動していたことになります。となれば、生命の誕

●世界最古の堆積岩であるサグレック岩体

カナダ・ラブラドル半島にあるサグレック岩体から、世界最古級の生命活動の証拠であるグラファイト粒子（写真右下）が発見された（写真提供：東京大学・小宮 剛博士）。

生はさらに古いであろうことが示唆されます。

最近、東京大学の小宮剛博士らの研究グループは、カナダ東部のラブラドル半島のサグレック岩体の調査を行って、そこに見られる堆積岩の年代が39億5000万年前よりも古いことを示し、世界最古の堆積岩であることを明らかにしました。

さらに小宮博士らは、グラファイトの粒子を発見し、その炭素同位体比が生物活動の痕跡を示すことを明らかにしました。最古の生命活動の記録を塗り替える画期的な発見といえます。

3 冥王代にも生命活動の痕跡が？

カナダのラブラドル半島から最古の堆積岩と最古の生物活動の痕跡が発見されたのとちょうど同じころ、イギリスの研究者を中心としたグループが、地球最古の岩石が露出するカナダ・ケベック州北部のヌブアギトゥク表成岩帯で採集した岩石から生物が活動していた痕跡を見つけたとする論文を発表しました。ヌブアギトゥク表成岩帯の年代は42億8000万年前でしたから、冥王代における生物活動の記録ということになり、驚くべき発見です。

しかし実際には、この生命活動の痕跡は、二次的な影響を受けたものらしく、実際の年代も約37億7000万年前である可能性が高いようです。ただ、海底熱水作用による沈殿物等が見られるという特徴と合わせて、現在の海底熱水系に見られるフィラメント状の微生物とよく似た構造が残っているというから大変な驚きです。生命は海底熱水系で誕生したという説がありますが、そのことを支持する証拠につながるのかもしれません。

ところが、ほとんど同じ時期に、西オーストラリアのジャックヒルズから得られた

1万粒に及ぶ砕屑性ジルコン粒子から、グラファイトの包有物を含む粒子が一つ発見されたとする論文が発表されました。そして、その炭素同位体比の測定値から生命活動が示唆されることが明らかになったというのです。そのジルコン粒子の年代は、なんと約41億年前ですので、冥王代において生命活動が生じていた証拠がついに見つかったということになります。もしこれが本当であれば、冥王代の地球上ではすでに初期の生命が活動していたことになりますから、生命の誕生は地球史最初期までさかのぼることになります。生命の起源に対する強い制約条件となるでしょう。

ところで最近、早稲田大学の赤沼哲史博士と東京薬科大学の山岸明彦博士らは、分子系統解析と遺伝子工学によって全生命の共通祖先（コモノート）が持っていたと考えられるタンパク質（ヌクレオシド二リン酸キナーゼ、NDK）のアミノ酸配列を、細菌および古細菌それぞれの祖先型NDKのアミノ酸配列に基づいて推定しました。そして、その熱耐性を実験的に調べたところ、その変性温度がなんと約94度であることを明らかにしました。NDKの変性温度とその生物の至適生育温度は正の相関を持つことから、全生物の共通祖先は75度以上の高温環境に生息していたことになります。これが初期地球環境の代表的な温度を表すものか、海底熱水系のような高温環境を表すものかは分か

●全生物の共通祖先

すべての生物の共通の祖先は、超好熱菌の可能性が高い。ただし、これはあくまでも現生生物からさかのぼることのできる共通祖先であり、最初の生命を意味するわけではない（参考：『シリーズ進化学 第３巻「化学進化・細胞進化」』山岸明彦ほか共著／岩波書店）。

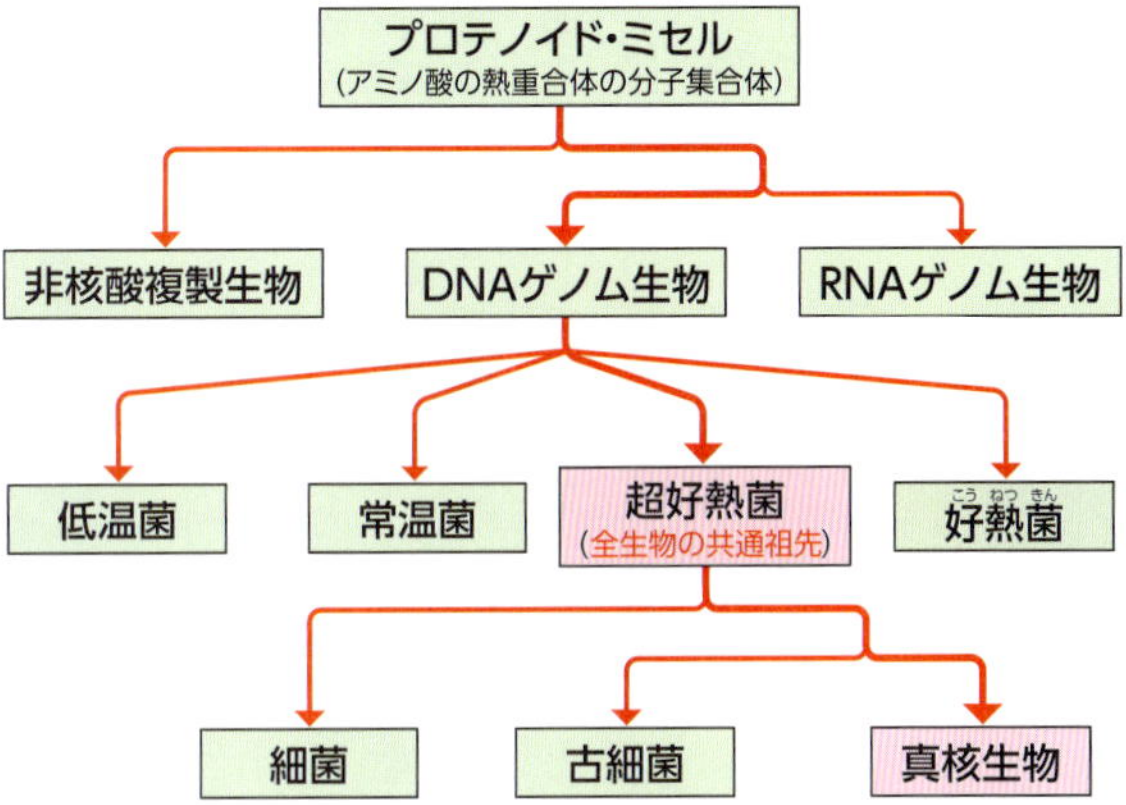

りません。また、全生物の共通祖先とは、現在の生物情報からたどれる最も古い生物であって、最初に誕生した生命と必ずしも同一というわけではありません。けれども、現在地球上に生息しているすべての生物は、高温環境に生息していた生物の子孫であることが明らかになったわけです。

　このところ最古の生命活動に関する情報が次々と明らかになっています。これまで思いもしなかった新しい事実が今後明らかになることを期待します。

4 暗い太陽のパラドックス

前述のように太古代の地球は高温環境であったらしいことが示唆されています。ところが、ここに一つ大きな問題があります。それは、当時の太陽は現在よりも20〜30パーセントも暗かったらしいということです。太陽が暗ければ地球は寒冷化して全球凍結してしまうはずです。それなのに、なぜ高温環境が実現されていたのでしょうか。

恒星進化論によれば、太陽のような核融合によって輝く主系列星は、誕生してから時間とともに明るさを増していきます。このことは、天文学の分野では古くから知られていました。太陽進化の標準モデルによれば、誕生時の太陽は、現在よりも30パーセント程度暗かったと推定されています。

もし大気組成が現在のものと同じであったならば、そのような低い日射量条件のもとでは、地球は全球凍結してしまうことになります。

しかし、太古代の地球は全球凍結していたどころか、現在よりも高温環境だったというのですから、まったく逆の状況です。この矛盾は、「暗い太陽のパラドックス」と呼ばれ、天文学者のカール・セーガン博士が1972年に指摘しました。

●暗い太陽のパラドックス

誕生時の太陽の光度は現在の約70%程度だったが、時間が経つにつれて明るさを増してきた。一方、もし地球の大気組成が現在と同じだったと仮定すると、約20億年前より昔は、地球表面の温度は氷点下を下回り全球凍結していたことになり、地質記録とは矛盾する。

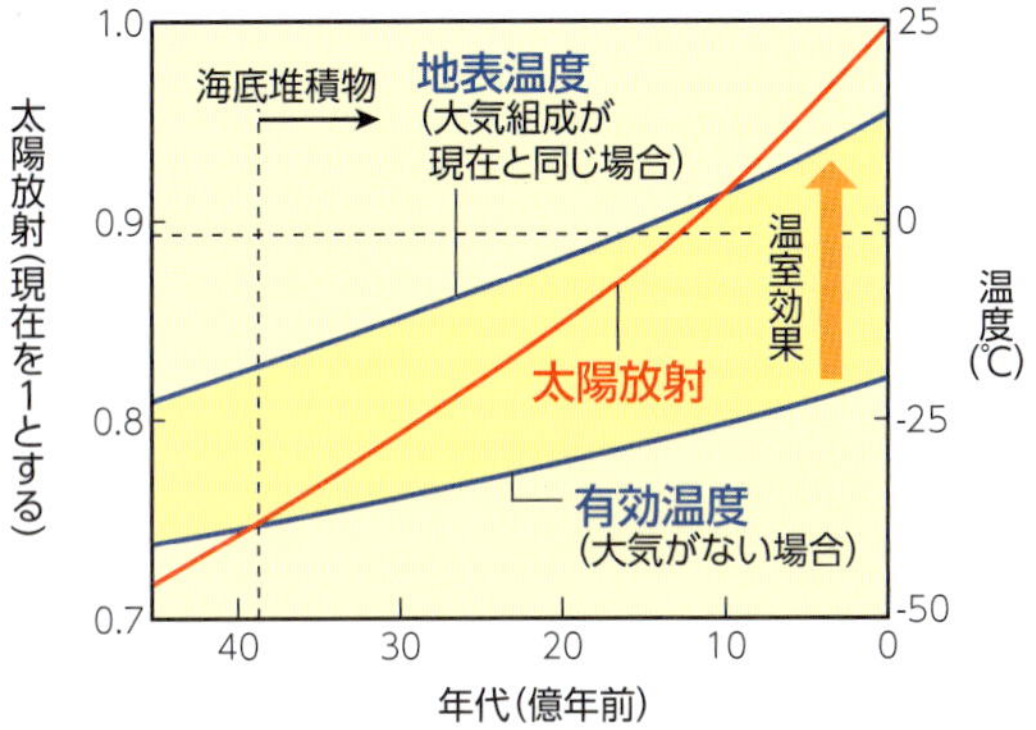

暗い太陽のパラドックスは、過去の地球大気組成は現在と大きく異なっていたと考えれば解決できます。

温室効果気体が現在よりも多く含まれていれば、大気の温室効果によって低い日射量の影響を相殺することができるからです。その温室効果気体としては、一般に、二酸化炭素が有力候補だと考えられています。二酸化炭素は、大気中で分解されることなく安定して存在できることに加えて、地球表層においては石灰岩などに代表される堆積岩中に大量に存在しており、地球誕生時には大気の主成分であった可能性が高いと考えられるからです。そのことは、金星や火星の大気が、大気量はまったく異なるにもかかわらず、どちらもほとんど二酸化炭素から成る大気であることからも、理解できるかと思います。すなわち、過去の地球大気中には二酸化炭素が大量に含まれており、暗い太陽の影響を温室効果で相殺していたのではないかと考えられるわけです。

太陽の進化に伴って、日射量は時間的に増大します。それに対して、大気中の二酸化炭素分圧（混合気体中に二酸化炭素が含まれる割合）は、時間的に低下してきたものと考えられます。そうすれば、地球環境は温暖湿潤な状態にずっと維持されることになるからです。太古代において、二酸化炭素分圧は現在よりもずっと高かったために、推定されているような高温環境が実現されていたのかもしれません。

しかし、このような考えが成立するためには、もう一つ大きな問題があります。それは、大気中の二酸化炭素量が、日射量の増大の影響を相殺するように、都合よく低下する必然性があるのか、という問題です。すなわち、温暖湿潤な気候状態を維持するために大気二酸化炭素量を「自己調節」するメカニズムが存在するのか、ということです。じつは、そのようなメカニズムは存在することが知られています。それが次の項で述べる「ウォーカーフィードバック」と呼ばれる仕組みです。

5 炭素循環と地球環境の安定性

大気中の二酸化炭素濃度は「炭素循環」によって決まると考えられています。炭素循環とは、地球における炭素のふるまいのことで、大気へ二酸化炭素を供給するプロセスや大気から二酸化炭素を除去するプロセスなどが含まれます。大気中の二酸化炭素濃度は、それらの二酸化炭素の供給と除去のフラックスが変化することによって、増えたり減ったりします。

代表的な大気への二酸化炭素の供給プロセスは、短い時間スケール（～100年）では人間活動による化石燃料の消費、長い時間スケール（～100万年以上）では火山活動が挙げられます。以下では現代の地球温暖化のような短い時間スケールの問題ではなく、地球の進化に関わるような長い時間スケールの問題に注目することにします。

火山が噴火すると火山ガスとして二酸化炭素が放出されます。二酸化炭素はそのまま大気中にとどまらず、どんどん除去されていきます。その代表的なプロセスが、岩石の化学風化作用で、簡単にいえば岩石が溶ける化学反応です。

酸性雨という言葉をよく耳にします。人間活動によって硫黄化合物などが溶けて通常よりも酸性が強い雨のことを指しますが、じつは雨はもともと酸性なのです。なぜかというと、大気中には二酸化炭素が必ず含まれているからです。

二酸化炭素は水に溶けて炭酸になります。炭酸は弱酸ですが、雨や地下水を酸性にするため、長い時間をかけると岩石が少しずつ溶けていくのです。溶け出たカルシウムなどの陽イオンは、河川を通じて海洋に流れ込み、炭酸イオンと反応して炭酸カルシウムが沈殿します。

この一連のプロセスを通じて、大気中の二酸化炭素が固定されることになるため、二酸化炭素の重要な除去プロセスになっているのです。

岩石の化学風化作用が重要なのは、単に二酸化炭素を除去するプロセスだからというわけではありません。二酸化炭素をどれくらい除去するかが、気候状態に応じて変化するから重要なのです。

例えば、温暖化が進むと、化学反応の速度は増大しますので、二酸化炭素はたくさん除去されます。すると、大気中の二酸化炭素濃度の上昇が抑えられて、温暖化が抑制さ

●長期的な炭素循環

化学風化作用の温度依存性によって、炭素循環は地表温度に対する安定化の働き（ウォーカーフィードバック）を持つ。

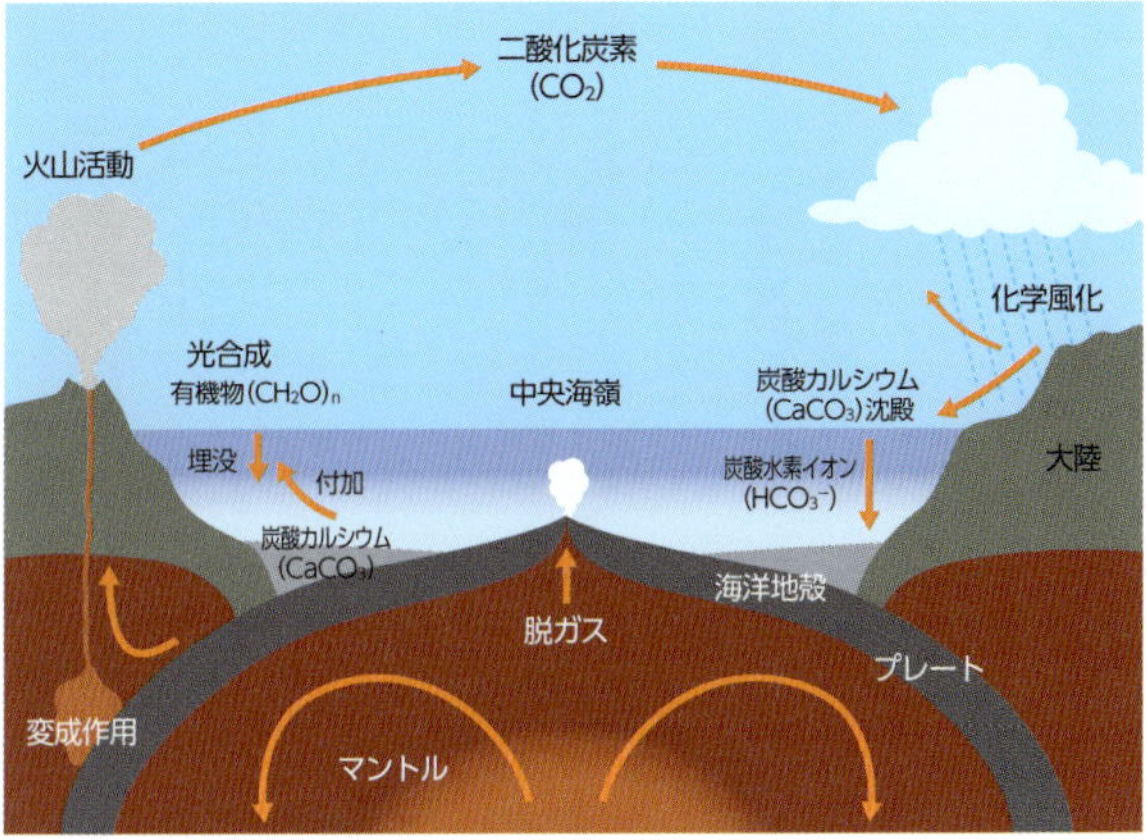

れます。逆に寒冷化が進むと、化学反応の速度は低下しますので、二酸化炭素はあまり除去されなくなり、火山活動による二酸化炭素の供給によって大気中に二酸化炭素が蓄積し、温室効果が強くなって寒冷化が抑制されます。

このように、化学風化速度が温度によって変化することによって、大気中の二酸化炭素濃度が自己調節され、温暖化や寒冷化が暴走しないような仕組みになっているのです。

これは「ウォーカーフィードバック」と呼ばれ、1981年にミシガン大学のジェイムズ・ウォーカー博士らが提唱した地球環境の安定化メカニズムです。ウォーカーフィードバックはまた、太陽光度の時間的増大の影響を相殺するように大気中の二酸化炭素濃度が時間的に低下してきたことを説明します。

ウォーカーフィードバックのおかげで、地球環境はずっと温暖湿潤な状態を保って進化できたと考えられています。これにより、暗い太陽のパラドックスを解決することができます。

6 メタン生成古細菌の活動

暗い太陽のパラドックスは、二酸化炭素濃度が時間的に低下してきたと考えることによって完全に解決した、と1980年代には考えられていました。

ところが、1990年代後半になって、過去の二酸化炭素濃度を推定する研究が行われるようになると、過去の二酸化炭素は理論的に指定された濃度よりも有意に低いらしいことが分かってきました。それでは地球は凍ってしまうことになり、振り出しに戻ってしまいます。炭素循環の仕組みも解明されたというのに、どうしてなのでしょうか。

じつは、大気の温室効果は二酸化炭素以外でも説明できる可能性があります。その中で、最も可能性が高いと考えられるのは、メタンによる温室効果です。二酸化炭素の温室効果では足りない分はメタンの温室効果によって補われていたのではないかというわけです。メタンは二酸化炭素の20倍以上といわれる強い温室効果を持っている気体で、メタン生成古細菌（メタン菌）という微生物によって生成されています。メタン菌の起源は古く、今から35億年前にはすでに活動していたらしいことが明らかにされています。

現在の地球では、生成されたメタンのほとんどは、メタン酸化菌の活動によって、酸

●大気組成の進化

太古代において、二酸化炭素濃度は理論的な予想よりも低く、それによる温室効果の不足分をメタンが補っていた可能性が考えられる。

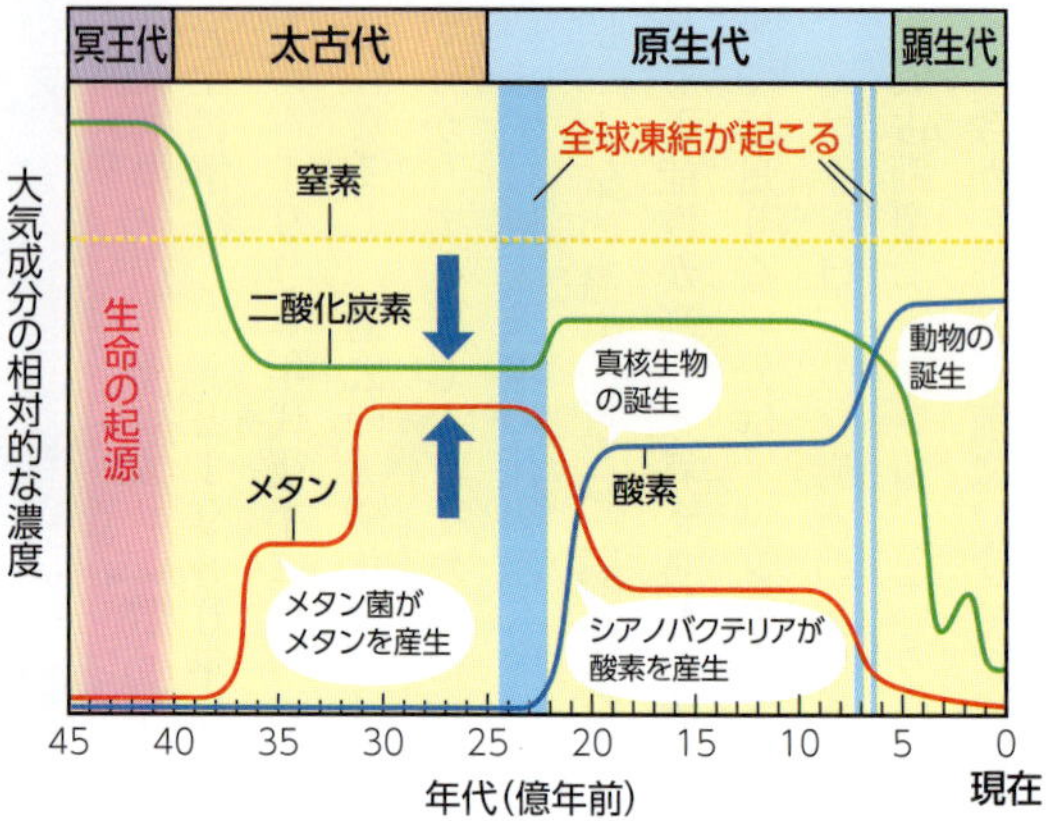

素などと反応して酸化されてしまっていますが、太古代の地球大気中には酸素がほとんど含まれていませんでした。生成された大量のメタンがそのまま大気に放出されると、大気中に高い濃度で存在できます。したがって、メタン生成率が十分に高ければ、二酸化炭素の不足分をメタンの温室効果で補うことができると考えられるのです。

逆にいえば、メタン菌が活動していたからには、大気中には現在よりも高濃度のメタンが存在していたはずであり、その温室効果による温暖化の影響が間違いなくあったはずである、ということになります。その場合、大気中の二酸化炭素濃度はどうなるのでしょうか。

ウォーカーフィードバックが働いている場合、暴走的な温暖化が生じないように二酸化炭素濃度を低下させることによって、地表面温度を調節することになります。

このとき、大気中の二酸化炭素濃度はメタンがない場合と比べて相対的に低くなるはずです。すなわち、過去の大気中の二酸化炭素濃度が、必要な温室効果を二酸化炭素のみで説明しようとした場合の理論的推定値よりも低かったとすれば、それはメタンなど他の気体による温室効果の影響を相殺するようにウォーカーフィードバックが働いた結果である、と理解することができます。

炭素循環によるウォーカーフィードバックの存在は、地球環境を安定化させる基本的なメカニズムとして常に働いているのであって、他の温室効果気体の影響などもすべて含めた上で、大気中の二酸化炭素濃度が自己調節されている、ということになります。

暗い太陽のパラドックスを解決するため、このほかにも奇抜なアイディアを含めて、現在でもなおいろいろな提案がなされています。しかし、まずは一番ありそうな可能性から一つひとつ検証していくべきように思われます。

7 原始微生物生態系と暗い太陽のパラドックス

暗い太陽のパラドックスは、二酸化炭素とメタンの組み合わせで理解することができそうなことが分かりました。しかし、本当に高いメタン濃度が実現されていたのかは、まだ検証されてはいません。

メタンはメタン菌の活動によって生産されていますが、その原材料は有機物です。光合成による基礎生産によってつくられた有機物は、さまざまな酸化剤によって分解されますが、最終段階ではメタン発酵が生じてメタンが生産されます。ということは、太古代の基礎生産はどのくらいの大きさだったのか、ということが問題になります。

現在と比べて太古代の基礎生産は小さかったと考えられますが、つくられる有機物が少なすぎれば、メタンの生産も少なくなり、大気メタン濃度も低いレベルになってしまうからです。

現在と同様に太古代においても、基礎生産の大部分は光合成生物によって担われていたと考えられています。ただし、当時の光合成を担っていたのは、「光合成細菌」と呼ばれる光合成を行うバクテリアで、酸素を発生しない酸素非発生型の光合成が行われて

●太古代で想定される微生物生態系

水素資化光合成細菌と鉄酸化光合成細菌の共存によって、高いメタン生産量（高い大気中メタン濃度）が実現された可能性が高い。

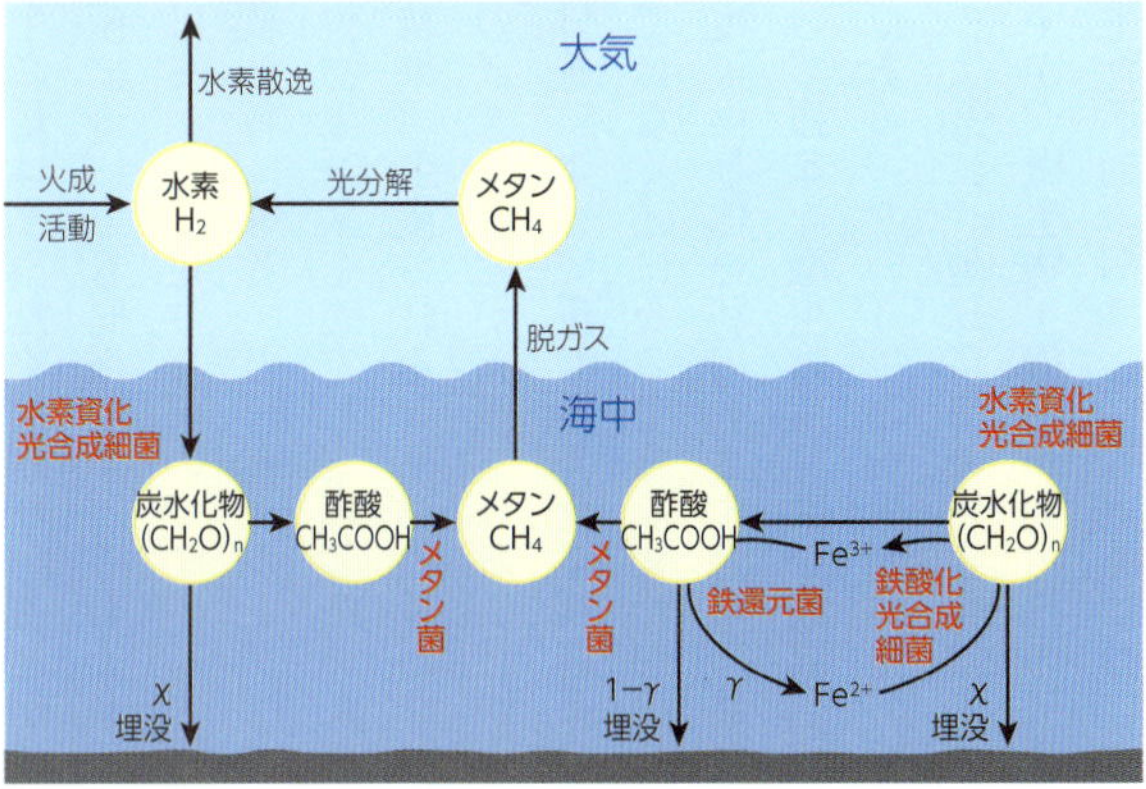

いました。

現在の主な光合成生物（藻類や陸上植物などの真核生物）は、水を電子供与体《きょうよたい》として利用して二酸化炭素を固定し、酸素を副産物として排出しています。

しかし、光合成細菌は、水の代わりに水素や鉄、硫化水素などを電子供与体として利用します。水は無尽蔵にありますが、水素や鉄、硫化水素の量はごく限られており、それらの供給率が基礎生産の律速要因（光合成や成長などの速度が制限される原因）になると考えられます。

例えば、大気中の水素濃度は低いため、水素を利用する水素資化光合成細菌の基礎生産を推定すると、その分解によるメタンの生産量はまったく足りないことが分かります。鉄を利用する鉄酸化光合成細菌の基礎生産についても同様です。そもそも、両者の基礎生産を足したとしても、メタンの生産量はまったく足りないのです。

最近私たち（筆者）の研究グループは、これら2種類の光合成細菌が「共存」するような微生物生態系を想定し、理論モデルを用いてこの問題を検討してみました。

その結果、生産されるメタンの量が非線形的に増大することが分かり、結果的に高い大気中のメタン濃度が実現されることが明らかになりました。これは大気上層における太陽紫外線によって生じる光化学反応系の複雑なふるまいによるものなのですが、1+1が2ではなく10になるような変化が生じるということです。光合成細菌の異なる種は異なる電子供与体を利用しますから、共存は十分に可能なはずです。つまり、もし太古代において複雑な微生物生態系が成立していたとしたら、高い大気中のメタン濃度が実現可能である、ということが分かったのです。

前述のように、地球環境の安定化はあくまでもウォーカーフィードバックが担っているのですが、微生物生態系が太古代の気候形成に深く関与していたのだとすれば、地球環境と生物活動の関係という意味において、大変興味深い事象であるように思います。

8 光合成生物の進化

現在の基礎生産の大部分は光合成生物が担っています。主として海洋域においては藻類、陸域においては陸上植物です。これらはみな真核生物に分類され、酸素発生型の光合成を行っています。

よく知られているように、光合成を担っているのは細胞内の葉緑体《ようりょくたい》です。じつは、葉緑体の起源は、真核細胞に共生した酸素発生型の光合成細菌、すなわちシアノバクテリアであると考えられています。

シアノバクテリアは、名前の通りバクテリア（細菌）に分類されますが、酸素発生型光合成を行います。酸素発生型光合成を行う細菌はシアノバクテリアだけで、シアノバクテリアは、酸素発生型光合成を行った最初の生物だと考えられています。

酸素発生型光合成は、光化学系Ⅰと光化学系Ⅱという、色素分子と電子伝達系が結合した複雑なタンパク質からなる複合体が連動することによってはじめて、水を分解して酸素がつくられます。ところが、これらの2種類の光化学系は、もともと独立して成立したものだと考えられています。というのは、現在知られている酸素非発生型光合成を行う光合成細菌は、どちらか一方の光化学系（もしくは類似の光化学系）しか持たないからです。

シアノバクテリアは、これら2種類の光化学系を「遺伝子の水平伝播」と呼ばれる仕組み、すなわち異なる生物種間で遺伝子のやりとりをした結果、初めて獲得した生物だと考えられています。それでは、シアノバクテリアはいつ出現したのでしょうか。

オーストラリアのピルバラ地域には、約35億年前のシアノバクテリアの微化石が産出することが知られていました。

ところが後の研究によって、シアノバクテリアの微化石が発見された場所は、海底の熱水作用によって形成された石英脈《せきえい》（地殻の割れ目に熱水が流れて石英を沈殿させたもの）であったことが判明し、その微化石は海洋表層に生息する光合成生物ではあり得ない、ということになりました。

一方、シアノバクテリアはストロマトライトをつくります。前述のように、最古のストロマトライトは約37億年前までさかのぼります。以前は、ストロマトライトがあればシアノバクテリアが存在していた証拠と考えられていました。しかし、シアノバクテリア以外の微生物がストロマトライトをつくった可能性は排除できません。現在では、ストロマトライトがあるからといって、シアノバクテリアがいた証拠にはならないのです。

そのようなわけで、現在ではシアノバクテリアが出現した明確な時期は分かっていません。

ただ、次章で述べる酸素濃度の上昇がシアノバクテリアの酸素発生型光合成活動の結果であると考えると、太古代にはすでに出現していた可能性が高いと考えられます。

シアノバクテリアは、大気中の酸素濃度の上昇を通じて、地球環境を劇的に変えた生物です。シアノバクテリアによって、現在の富酸素大気が形成されました。われわれ人類をはじめとして酸素呼吸を行う複雑な生物の繁栄は富酸素大気のおかげです。その意味において、シアノバクテリアの出現は、地球史および生物史の両方においてきわめて重要なできごとだったということができるでしょう。

●ストロマトライト

西オーストラリアのシャークベイで生息するストロマトライト。この地域は世界遺産として指定されている。

第4章

原生代の地球

～地球環境の大激変～

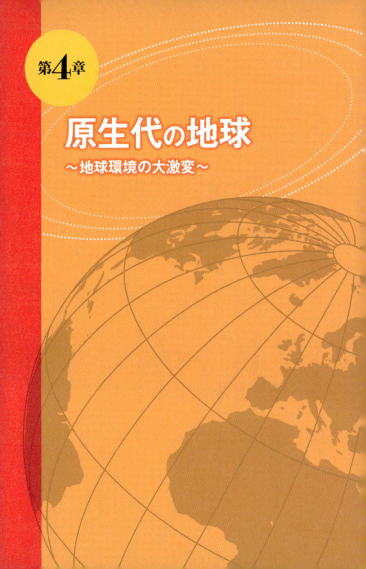

1 地球史を画する変動や大進化が生じた原生代という時代

約25億年前から約5億4100万年前までの時代は「原生代《げんせいだい》（Proterozoic）」と呼ばれます。地球史の中盤から後半にあたり、地球史を画するような大規模な地球環境変動や生物の大進化が生じた時代です。

最も重要な地球環境の激変は、原生代初期の約24億5000万年前から約22億年前にかけて生じた、「大酸化イベント」と呼ばれる、大気中の酸素濃度の急激な上昇でしょう。133ページで説明しますが、これ以前の地球は、海水中はもちろん大気中にも酸素がほとんど含まれていない「嫌気的《けんきてき》」な環境でした。

生物は嫌気的環境に適応進化した嫌気性の微生物でした。それがこのときを境に、大気や海洋表層は現在の1000分の1から100分の1程度の酸素を含む「好気的」な環境となり、それまでの嫌気性生物は酸素のない深い海や堆積物の内部に追いやられることになります。そして、嫌気性生物に代わり、酸素を利用する好気性生物が繁栄することになります。

とりわけ、今から約20億年前ごろ、好気性生物などが細胞内共生することによって真

●原生代の年表

原生代の初めと終わりにスノーボールアース（全球凍結）イベントおよび酸素濃度上昇イベント（大酸化イベント、原生代後期酸化イベント）が生じた。また、約20億年前に真核生物が、約6億年前に動物が出現した可能性が高い。

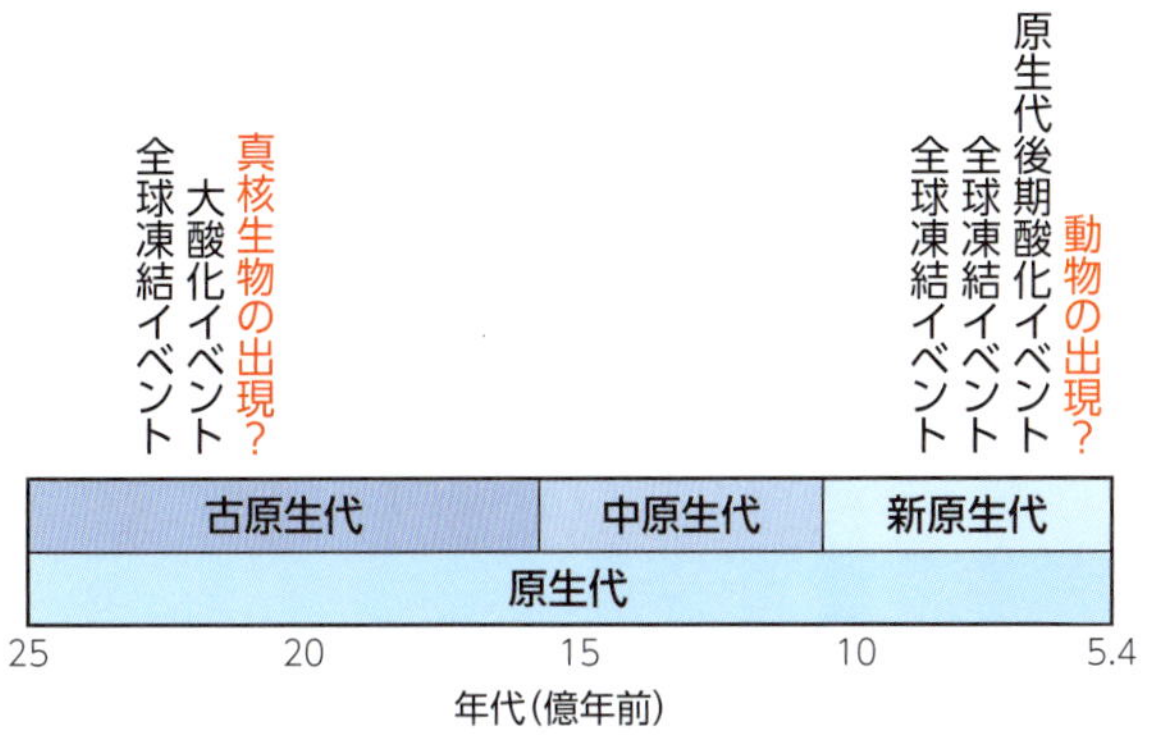

核生物（細胞内に核などの細胞小器官を持つ生物）が出現したことは、生物進化史上きわめて重要なできごとでした。

大気中の酸素濃度は、原生代後期の約6億年前ごろにも上昇して、現在に近いレベルになったと考えられています。これを「原生代後期酸化イベント」と呼びます。このような地球環境の質的変化（酸化還元条件の変化）によって、生物進化史上のもう一つの大きなできごと、すなわち後生動物（多細胞動物）の出現がもたらされたと考えられています。動物は、顕生代に入ると爆発的に多様化して、大型化・複雑化し、現在の私たち人類の大繁栄につながっていきます。

　原生代におけるもう一つの重要な地球環境変動は、地球全体が凍結する「スノーボールアース（全球凍結）・イベント」と呼ばれる現象で、原生代初期の約23億年前、原生代後期の約7億年前および約6億4000万年前の、少なくとも3回生じたことが分かっています。

　地球全体が凍結すれば、地表面から液体の水がなくなるため、生命にとって前例のない危機的状況が訪れたことは間違いありません。

　不思議なことに、これら一連のできごと、すなわちスノーボールアース・イベント、大気中の酸素濃度の上昇、そして生物の大進化は、原生代の初期と後期のそれぞれほぼ同時期に生じているようにも見えます。これらの間には何か密接な関係があったのかもしれません。こうした意味において、原生代は地球史において特別な時代であったように思われます。

2 原生代初期全球凍結

原生代初期は寒冷期として知られています。カナダのオンタリオ州を中心に分布しているヒューロニアン累層群と呼ばれる地層には、約24億5000万年前から約22億1900万年前にかけて3回の氷河時代が繰り返されたことが記録されています。同時期の氷河作用の証拠は、米国、南アフリカ、オーストラリア、北欧などにも見られます。

このうち南アフリカにおいては、最も若い氷河時代の堆積物（氷河性堆積物）が分布しています。マクガニン氷河時代と呼ばれるもので、ちょうど同時期に噴出した溶岩の年代測定によって、約22億2200万年前に生じたことが分かっています。これが、カナダで見られる3回目の氷河時代と同一のものであるのかについては議論のあるところです。したがって、原生代初期においては、2億年余りの間に3回ないし4回の氷河時代が繰り返し訪れたことになります。

ここで特筆すべき問題は、マクガニン氷河時代と同時期に噴出した溶岩の古地磁気測定（過去の地磁気の測定。地磁気とは地球が持つ磁気および磁場のこと）の結果です。

地球磁場は棒磁石がつくる磁力線に似ていますが、地面に対する磁力線の傾きは緯度によって異なります。この性質を利用すると、溶岩や堆積物が形成された当時の地球磁場の方向から、その場所が当時どの緯度にあったのかを知ることができます。

古地磁気測定の結果、驚くべきことに、南アフリカは当時、緯度11度の場所に位置していたことが分かりました。これのどこが驚きなのかというと、氷河性堆積物は、通常は寒冷な高緯度域（極域）で形成されるはずのものですが、それが低緯度（赤道域）において形成されたという点です。すなわち、当時、大陸を広く覆う氷床が赤道域に存在したことになります。それはいったいどのような状況なのでしょうか。

じつは、このような「低緯度氷床」の証拠が、南オーストラリアの原生代後期マリノアン氷河時代（約6億3900万〜約6億3500万年前ごろ）の地層で最初に発見され、1986年に報告されました。カリフォルニア工科大学のジョセフ・カーシュビンク博士は、この時期には地球全体が凍りついていたのではないかという、大胆な仮説を1992年に発表しました。それは「スノーボールアース（全球凍結）仮説」として知られるものです。当初はほとんど知られていませんでしたが、1998年にハーバード大学のポール・ホフマン博士らが、ナミビア共和国のマリノアン氷河堆積物直上に堆積

●全球凍結した地球の想像図

原生代には、地球全体が凍りつく「スノーボールアース（全球凍結）・イベント」が、少なくとも3回起こったと考えられる（© 大井手香菜）。

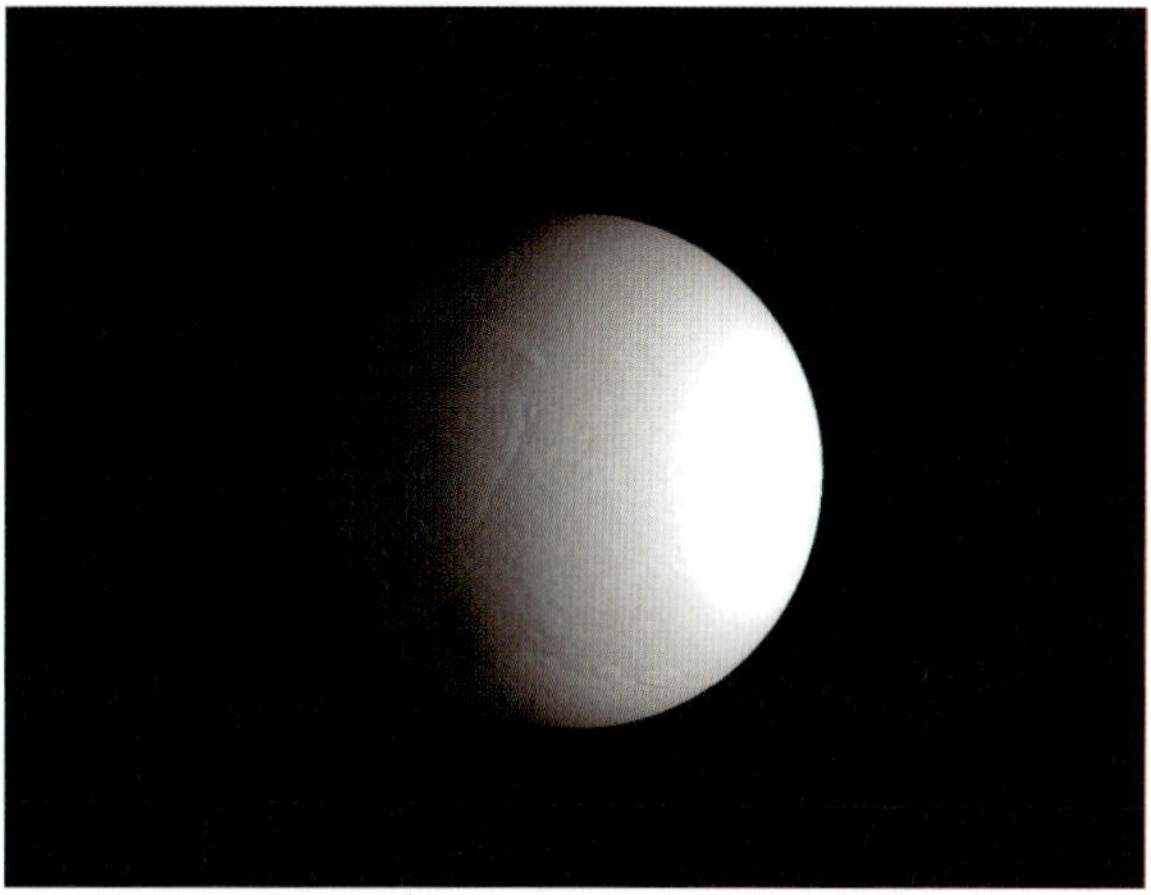

している「キャップカーボネート」と呼ばれる炭酸塩岩層の炭素同位体比から、生物活動がほぼ完全に停止しているように見える異常な証拠を発見し、それがスノーボールアース仮説によって説明できるとして、世界に衝撃を与えました。

スノーボールアース仮説は、赤道域に氷床が存在したことを説明できるだけでなく、地球全体が凍結しても、火山活動によって二酸化炭素が大気中に放出される結果、数百万年～数千万年たてば、温室効果が十分強くなって地球は全球凍結状態から脱出できることを示しました。

また、全球凍結から脱出直後は、大量の二酸化炭素によって地球は高温環境（~60度）になりますが、それが大陸地殻の化学風化によって炭酸塩鉱物として除去される結果、キャップカーボネートが必然的に形成されることも説明できます。

また、全球凍結によって光合成生物は絶滅するか、少なくとも数百万~数千万年間にわたって活動を停止するため、氷の融解後もしばらくの間、生物活動が回復できなかったとしても不思議ではありません。このように、スノーボールアース仮説はいくつもの地質学的特徴を説明できることが分かり、多くの人々が支持するようになりました。

その後、低緯度氷床の証拠はマリノアン氷河時代だけでなく、その直前に起こったスターチアン氷河時代、そして22億年前のマクガニン氷河時代でも発見され、スノーボールアース・イベントは、少なくとも過去3回起こったことが分かってきたのです。

マクガニン氷河時代がスノーボールアース・イベントだったとすると、当時の生命はどうなってしまったのでしょうか。残念ながら原生代においては化石記録がほとんど残っていないため、その詳細はまったく分かっていません。しかし、後で述べるように、マクガニン氷河時代後に真核生物が出現したらしいこととは何か関係があるかもしれません（136ページ参照）。

3 大酸化イベント

地球大気中にはもともと酸素がほとんど含まれていませんでした。ところが、原生代初期の約24億5000万年前から約22億年前にかけて、大気酸素濃度が急激に上昇したらしいことが知られています。これは「大酸化イベント」と呼ばれています。

大気中の酸素濃度は、じつは25億年前以前の太古代においてもわずかに上昇するということが何度かあったことが最近分かってきました。堆積物中に見られる酸化還元状態に敏感な微量金属元素の濃度が、一時的に増加しているのです。これは、酸素濃度が微かに上昇した痕跡とされています。このことは、酸素発生型光合成が太古代から始まっていた可能性を示唆します。しかし、大気中の酸素濃度が有意に上昇するのは原生代になってからでした。

約24億5000万年前以前には、硫黄の同位体比が質量に依存せずに変化していたことが、海底堆積物中の硫黄化合物の分析から分かっています。

この現象は、大気上層において火山ガスによってもたらされた二酸化硫黄が、太陽紫外線を受けて光化学反応を起こすことによるものだと考えられており、酸素濃度が上昇

●大気酸素濃度の時代変遷

地球は、約24億5000万年～22億年前と約8億年～6億年前の2回にわたって段階的な酸素濃度上昇を経験してきたと考えられている。S-MIF（硫黄の質量非依存分別作用）は、硫黄同位体比の質量に依存しない変化があったこと（酸素濃度が現在の10万分の1以下だったこと）を表す。

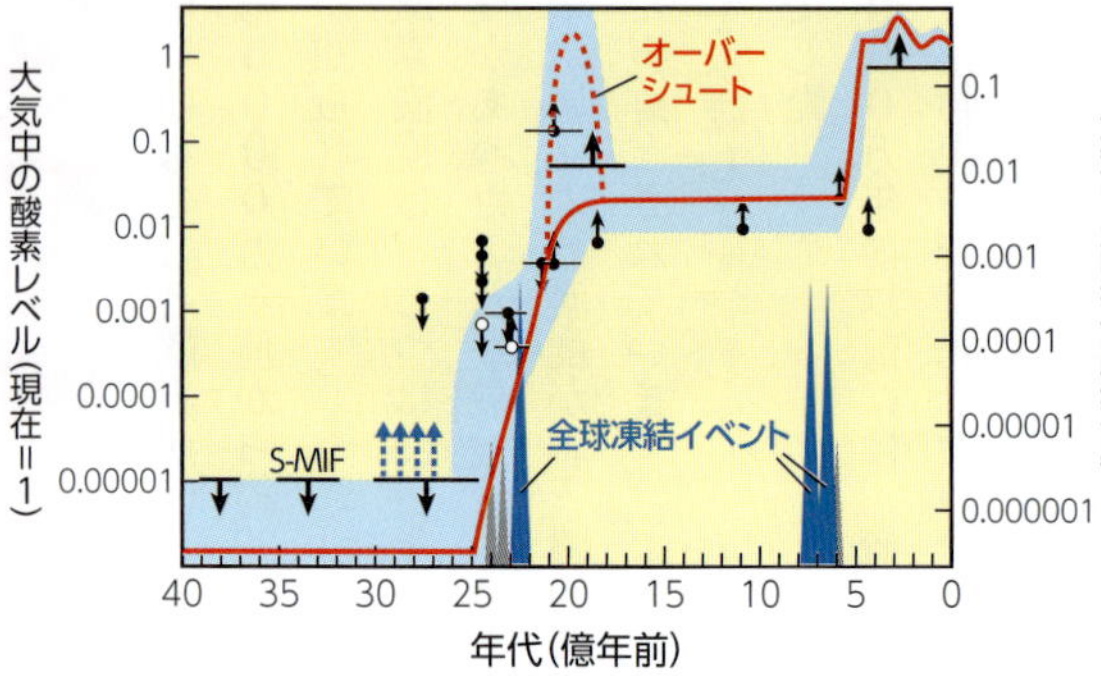

して紫外線を遮蔽するオゾン層が形成された現在では見られない現象です。そのようなシグナルは、約24億5000万～約23億3000万年前になると消えてしまいますが、それは大気中の酸素濃度が現在の10万分の1レベル以上になったためだと考えられています。

一方、約22億年前には赤色土層と呼ばれる、酸化鉄を含む風化土壌が世界中で形成されるようになります。このことは、大気酸素濃度の上昇によって、地表の岩石が化学風化を受ける際、岩石中に含まれていた鉄が酸化鉄として沈殿したことを意味します。鉄は酸素がなければ水に溶けて海洋へ運ばれるため、それ以前の風化土壌は鉄が欠乏しているのですが、約22億年前に地球史上初めて世界中で赤色土層が形成されるような酸化的な環境になったのです。

さらに、約22億年前～約21億年前にかけて、世界中で硫酸塩鉱物の沈殿が見られます。現在海水中の主要な塩分の一つである硫酸イオンは、陸上の岩石中に含まれている黄鉄鉱（鉄を含む硫化物）が酸素を含む条件下で化学風化を受けて溶け出し、海洋に供給されたものです。したがって、大気中に酸素がほとんど含まれていない太古代においては、海水中に硫酸イオンはほとんどなかったと考えられています。硫酸塩鉱物が沈殿するということは、海水を少し濃縮すれば過飽和になるほど硫酸イオンが蓄積していたことを意味し、かなり長期間にわたって硫酸イオンが陸から供給されていたことを示唆します。しかし、その後はこうした証拠が再び見られなくなるのです。

これらのことから、約22億年前から21億年前にかけて、酸素濃度が一時的に現在とほぼ同じレベル程度にまで上昇したのち、現在の1000分の1～100分の1レベルにまで低下して落ち着いたとする、「オーバーシュート」と呼ばれる現象が起こったのではないかと考えられるようになりました。すなわち、大酸化イベントは酸素濃度のオーバーシュートを伴っていたらしい、ということになります。

4 真核生物の出現

大気中の酸素濃度が上昇したことによって、生物はそれまで経験したことのない大きな影響を受けたはずです。それまでの嫌気的環境に適応してきた生物にとって、酸素分子は強い酸化力を持った毒性の強い気体だからです。実際、絶対嫌気性生物は、酸素存在下では死滅してしまいます。酸素濃度の上昇によって、地球表層環境における酸化還元条件は大きく変わったのです。

ところが、そうした好気的な環境に適応する生物が現れます。酸素を積極的に利用する、好気性生物です。好気性生物が行う酸素呼吸では、発酵で得られるエネルギーの約20倍もの大きなエネルギーを得ることができます。しかし酸素呼吸の際、猛毒である活性酸素が発生するため、それを除去する仕組みが必要になります。そうした仕組みを備えたものが、好気的環境に適応し、その後の地球上に繁栄するようになります。

生物は3つの「ドメイン」、すなわち、細菌、古細菌、そして真核生物から成り立っています。私たちヒトを含む動物や植物などは真核生物に属します。真核生物の起源として、古細菌に複数の細菌が細胞内共生したとする「細胞内共生説」が定説になっています。真核細胞に見られるいくつかの細胞小器官のうち、例えば光合成を担う葉緑体はシアノバクテリア、酸素呼吸を担うミトコンドリアはαプロテオバクテリアに近縁の好気性細菌が共生したものだと考えられています。

今から約19億年前の米国ミシガン州の地層中からは、最古の真核生物の化石と考えられるものが見つかっています。それは、幅1ミリメートル、長さは最長9センチメートルに達する細長いフィラメントをコイルのように巻いた化石で、グリパニア・スピラリスという藻類の化石によく似ているものです。

また、2010年には、ガボン共和国に分布する酸素に富んだ海水中で形成されたと考えられる約21億年前の地層から、最大12センチメートルにも達する大型の生物化石が発見されました。多細胞性の生物と考えられ、複雑で多様な構造が見られますが、何者かはまだ分かっていません。しかしこれも真核生物である可能性が指摘されています。

このように、大酸化イベントによって、生物は画期的な進化を遂げたと考えられ、その後も好気的環境の影響を受け続けることになります。ただし、原生代後期の8億～6億年前になるまでは、大気酸素濃度の大きな変化はあまり見られず、現在の1000分の1から100分の1というレベルのまま安定していたようです。

5 大陸成長と超大陸の形成

大陸地殻の代表的な岩石である花崗岩《かこうがん》は、地球誕生直後に形成されていたらしい証拠があることを述べました（80ページ参照）。しかし、地球史初期の大陸のサイズは現在よりもずっと小さく、地球表面の大部分は海洋に覆われていたものと考えられています。

では大陸地殻はどのように成長してきたのでしょうか。

これまでさまざまな大陸成長のモデルが提唱されてきました。その多くに見られる特徴は、大陸地殻は地球史の半ば（30億〜20億年前）に急激に成長したらしい、ということです。すなわち、太古代の前半、おおむね30億年前までは、地球の表面には大きな大陸がなく、ほとんど海で覆われていたのが、太古代の後半、とりわけ原生代に入ってから、大陸地殻は急激に成長して、地球は現在と似たような広い海と大きな大陸を持つような惑星になったらしいのです。

なぜ地球史の半ばに大陸が急激に成長したのかについては、この時期にマントル対流やプレートテクトニクスの様式が大きく変化したなど、いろいろな可能性が考えられますが、まだよく分かってはいません。

●代表的な大陸成長モデル

太古代の後半から原生代の前半（約30億年～約20億年前）にかけて、大陸は急激に成長したと提唱しているモデルが多い。

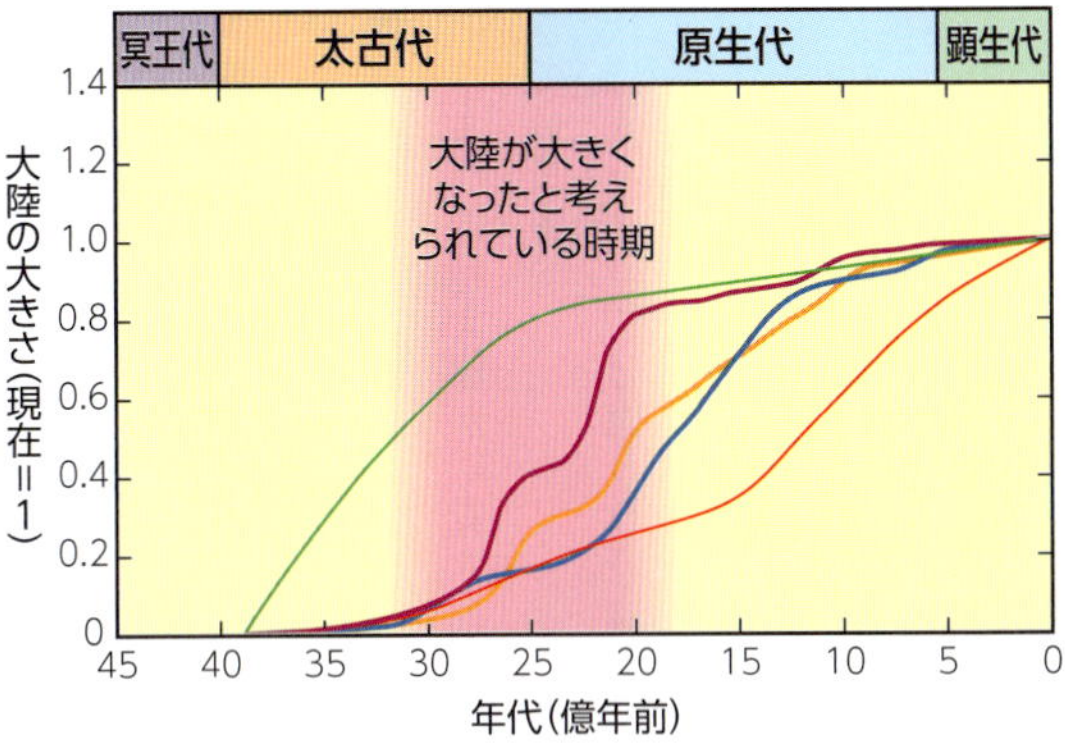

ただ、地質学的な研究からは、原生代初期にはたくさんの大陸地塊が集まって、最初の「超大陸」が形成されたらしいことが知られています。超大陸とは、いくつかの大陸地塊が集まった巨大な大陸のことを指します。今から約19億年前に現在の北アメリカ大陸の大部分とグリーンランドやスカンジナビア半島を中心とするヨーロッパ大陸の一部を含んだ超大陸が形成されたのです。この超大陸は、「Northern Europe–North America」の頭文字をとってNENA（ヌーナ）と呼ばれています。

その後、超大陸ヌーナは分裂して、ふたたび別の超大陸が形成される、ということが繰り返されたようです。超大陸が形成されると、しばらくして超大陸直下の地球深部から熱い上昇流が昇ってきて、超大陸上で大規模な火成活動が生じ、それによって超大陸が分裂するようなのです。分裂した大陸塊は、プレートの動きによって移動して、地球の反対側で衝突することによって、ふたたび超大陸が形成されます。この繰り返しを「ウィルソン・サイクル」といいます。

ヌーナ以降も、原生代においては、コロンビア（約18億〜15億年前）、パノティア（約15億〜10億年前）、ロディニア（約10億〜7億年前）、ゴンドワナ（約5億〜1億年前）というように超大陸が形成されては分裂することを繰り返していたらしいことが分かってきています。

顕生代《けんせいだい》に入ると、約2億5000万〜2億年前ころに超大陸パンゲアが形成され、それが分裂して現在の海陸配置になったことはよく知られています。

こうした大陸の成長や離合集散の歴史は、地球の気候や生物の進化にも大きな影響を与えてきたと考えられます。地球の気候が約30億年前までは高温だったのが、それ以降寒冷化して現在に近い状態になったらしいことも、大陸の成長と深い関係があるのではないかと考えられます。

6 原生代後期全球凍結

原生代後期の、約7億2000万年前から約6億3500万年前はクライオジェニアン紀と呼ばれる時代で、2回の大氷河時代が訪れた寒冷期でした。すなわち、スターチアン氷河時代（約7億2000万～約6億6300万年前）とマリノアン氷河時代（約6億3900万～約6億3500万年前）です。これら2回の大氷河時代は、どちらもスノーボールアース・イベントであったと考えられるようになりました。

原生代初期のマクガニン氷河時代のところで述べたように、まずマリノアン氷河時代の地層から低緯度氷床の証拠が初めて発見されました。そして、スターチアン氷河時代にも同様の証拠が見つかったことで、原生代後期にはごく短期間に2回のスノーボールアース・イベントが続けて生じたことが明らかになりました。

なぜ地球が全球凍結したのかはよく分かっていませんが、大気の温室効果が大幅に低下したからであることは間違いありません。

しかし、大気の温室効果が低下する原因はいろいろな可能性が考えられるため、真の原因はよく分かりません。当時は超大陸ロディニアが赤道付近に形成されており、それがいくつかの大陸地塊に分裂することで化学風化が効率的に生じるようになったことが原因だったのではないか、とする説が有力です。ほかにも、火成活動（マグマの生成・上昇などの活動）が停滞して、二酸化炭素の供給率が大幅に低下した可能性もあるのではないかと考えられます。

その後、詳細な年代測定の結果、マリノアン氷河時代の継続時間は400万年間で、火山活動によって大気中に二酸化炭素が蓄積して氷が融けるまでに要する時間スケールの理論的見積もりと一致することが分かりました。

一方、スターチアン氷河時代の継続期間はなんと5700万年という驚くほど長期にわたるものであったことも分かりました。

このことから、当時は地球全体の火成活動が現在の10分の1レベル以下に停滞していた可能性が示唆されます。スターチアン氷河時代から脱出してまもなくマリノアン氷河時代に陥ったことも、固体地球の活動が長期間停滞していたことを示唆しているのかもしれません。

マリノアン氷河時代に地球が全球凍結していたとするスノーボールアース仮説は、前述のような経緯で世界に衝撃を与えたわけですが、それは長い論争の始まりでもありました。論争というのは、地球がもし本当に全球凍結したら液体の水を必要とする地球上の生命は絶滅してしまうはずだがそのような事実はない、という問題です。とりわけ、海洋表層で光合成を行う真核生物である藻類がマリノアン氷河時代を生き延びた事実を説明することは困難である、という反論が根強くありました。

この問題は現在でも完全には解決できていませんが、おそらく現実は単純な理論的描像とは違っていた可能性が考えられています。

すなわち、赤道域は完全には凍結していなかった可能性、氷の薄い地域があって氷の下で光合成活動が可能だった可能性、火山地域では地熱によって氷が融けて温泉のような場所が存在していた可能性などが提唱されています。

また、「クリオコナイト」として知られる氷河の表面に見られるシアノバクテリアや藻類、鉱物などからなる暗色の粒子が、全球凍結当時から存在していた可能性も考えられます。クリオコナイトは黒っぽいために日射をよく吸収し、夏季には局所的に氷を融かして光合成活動が行われることが知られています。

もしクリオコナイトの起源が原生代後期の全球凍結にあるのだとすれば、藻類が生き延びたことをうまく説明できるのではないかと考えられます。

７ 多細胞動物の出現と酸素濃度

原生代末期の中国南部の大陸棚で堆積したドウシャンツオ層に見られるリン灰石中から、１９９８年に驚くべき発見がありました。動物の胚《はい》（細胞分裂中の受精卵）のように見えるサブミリメートルサイズの化石です。この胚化石が属する分類群は議論のあるところですが、おそらくは真正《しんせい》後生《こうせい》動物（つまり動物）のものであろうと考えられています。これは動物化石としては最古のものです。ドウシャンツオ層の下位の地層はマリノアン氷河時代の氷河性堆積物で、つまりスノーボールアース・イベントのすぐ後で多細胞動物が出現したように見えます。年代的には、マリノアン氷河時代が終わったのが約６億３５００万年前、胚化石の産出は若いもので約５億９０００万年前、最古のものは約６億３０００万年前です。

全球凍結が終わって５００万年でそのような大きな生物進化が生じたとは考えにくいとする立場に立てば、マリノアン氷河時代以前に多細胞動物が出現していたことになります。実際、海綿動物のバイオマーカー（分子化石）がマリノアン氷河時代の氷河堆積物直下で検出されたとする報告もあります。しかし、もしそれが本当だとすれば、多細胞動物が全球凍結下の地球を生き延びたということになりますが、それはさらに考えにくいことから、やはり全球凍結直後に多細胞動物が出現したのではないかと考えられます。なぜマリノアン氷河時代直後にそのようなことが起こったのでしょうか。

ドウシャンツオ層の胚化石の出現する地層よりも下位において、モリブデンやバナジウム、ウランなどの酸化還元敏感元素の濃集層が発見されました。このことは、マリノアン氷河時代直後に酸素の多い環境になったことを示しています。これは、原生代初期のマクガニン氷河時代と同じ状況です。

マクガニン氷河時代の氷河堆積物は、その直上をマンガンの鉱床によって覆われていることが知られています。マンガンは、太古代においては海水中に溶存していたと考えられているのですが、酸素があると反応して酸化沈殿します。マンガンは事実上、酸素がないと酸化できず、それが地球史上初めてマクガニン氷河時代の直後に大規模に酸化沈殿していることから、大気酸素濃度の上昇が全球凍結直後に生じた可能性が示唆されています。

私たち（筆者）の研究グループは、全球凍結直後の高温環境によって大陸から生物必須元素が大量に海洋に供給されたため、光合成生物であるシアノバクテリアの爆発的な繁殖が生じて、大気中の酸素濃度の急上昇がもたらされたのではないか、という仮説を提唱しています。このとき、同時に酸素濃度のオーバーシュートが生じることも説明することができます。もしこれが本当ならば、スノーボールアース・イベントの直後に酸素濃度の急上昇が必然的に引き起こされるということになります。同じことが、原生代後期マリノアン氷河時代直後にも起こった可能性が考えられます。

原生代後期酸化イベントによって、大気中の酸素濃度は現在にほぼ近いレベルにまで上昇したとされています。多細胞動物はコラーゲンという、細胞同士の接着や結合組織に力学的強度を与える機能を持つタンパク質を生産して多細胞化・大型化を可能にしたと考えられていますが、コラーゲンの合成には大量の酸素が必要だとされています。この点は、動物の起源と大気中の酸素濃度の関係として、古くから指摘されているものです。

スノーボールアース・イベントと大気中の酸素濃度上昇イベント、そして生物の大進化は、原生代のというよりも、地球史における最重要のできごとともいうべきものです。地球環境と生命を劇的に変えた、地球史上類を見ない複数のできごとが互いに関係し合っていたのだとしたら、それが原生代において生じたのは偶然だったのか、それとも必然だったのか、大変興味あるところです。

8 エディアカラ生物群

原生代後期のクライオジェニアン紀に続くエディアカラ紀（約6億3500万～約5億4100万年前）において、地球史上最初の大型の生物化石が産出します。

大きいものは数十センチメートルから1～2メートルという、それまで見られないスケールのものです。オーストラリア南部のエディアカラ丘陵で発見されたこれらの化石は、そのサイズと多様性、そして多量に産出することが大きな特徴で、「エディアカラ化石群」または「エディアカラ生物群」と呼ばれます。同時代の地層が分布するロシアの白海沿岸、カナダのニューファンドランド島、アフリカ南部のナミビアなどでも同じ化石群が産出することが知られています。

カナダのニューファンドランド島では、約5億8000万年前のガスキアーズ氷河時代のすぐ後の時代の地層から、エディアカラ生物群の代表的な化石の一つであるチャルニア・ワルディィが初めて産出します。これらの生物は、硬骨格を持たない軟組織のみから成っており、通常であれば化石としては保存されにくいはずなのですが、海底の乱泥《らんでい》流《りゅう》に一瞬で飲み込まれた結果、運よく保存されたようです。

●エディアカラ生物群の想像

原生代後期のエディアカラ紀に、多様な姿を持つ生物たちが数多く出現した。

●ディッキンソニアの化石

エディアカラ生物群の一種のディッキンソニアは、体長１ｍを超えるほどの大きさだった。

ほかにも特徴的な形態の化石がいろいろと発見されています。例えば、平べったいエアマットのような形状で最大1・2メートルにも及ぶディッキンソニア、伸縮する吻《ふん》のような器官を頭部に持つ体長数センチメートルのキンベレラ、円形の体がいくつかの節に分かれているヨルギア、葉っぱのような形をした最長2メートルに達するエディアカラ生物群最大のチャルニアなどが代表的なものです。

ただ、これらと現生生物との系統関係がどうなっているのかについてはよく分かっていません。

エディアカラ生物群は、大型で明らかに多細胞動物のようにも見えるため、動物の祖先に当たる可能性が考えられます。その独自の形態からどの現生種とも近縁関係のない絶滅種であるという考え方もありましたが、少なくともその一部は海綿動物や刺胞動物だったのではないか、と考えられるようになりました。

前述の胚化石からつながり、その一部は次のカンブリア紀に起こった動物の爆発的な多様化を経て、現生動物につながっているのではないか、という考え方です。

そして、最近ついに、エディアカラ生物群の代表的な化石の一つであるディッキンソニアから動物である証拠（バイオマーカー）が発見されました。

エディアカラ生物群は、一部はカンブリア紀まで生き延びていますが、多くはエディアカラ紀末、すなわち原生代末に絶滅しています。絶滅の原因はよく分かっていませんが、地球環境変動のほか、捕食者の出現によるものではないかとする仮説が提唱されています。

第5章

顕生代の地球❶

～動物の進化と絶滅～

1 カンブリア爆発

約5億4100万年前から現在までの時代を「顕生代《けんせいだい》（Phanerozoic）」といいます。地層から動物化石が豊富に産出するようになったため、それ以前と比較すると、地球環境や生物活動について得られる知見が劇的に増えました。

化石が豊富に産出するようになった理由、それは生物が有機物の柔組織に加えて、殻や骨、歯などの硬骨格を獲得したからです。これらは、主に炭酸塩、リン酸塩、シリカなどの鉱物からなります。これを「生体鉱物形成作用」あるいは「バイオミネラリゼーション」といいます。有機物は腐敗して分解されやすいのですが、鉱物はずっと保存されやすいため、地層からたくさんの化石が産出するようになったのです。

顕生代は、古生代（約5億4100万〜2億5190万年前）、中生代（約2億5190万〜6600万年前）、新生代（約6600万年前〜現在）と分かれていますが、古生代の初め、カンブリア紀初期の地層からは「微小硬骨格化石群」という、1ミリメートルに満たない化石（生物の体の一部）が発見されます。顕生代は、まさにこの微小硬骨格化石群の出現をもって始まるのです。そして、カンブリア紀中期になると、動物の爆発的な多様化を示す化石群が産出します。

1909年、古生物学者のチャールズ・ウォルコット博士は、カナディアン・ロッキー山脈のバージェス山で「バージェス動物群」と呼ばれる海生動物の化石群を発見しました。カンブリア紀中期の約5億500万年前のバージェス頁岩《けつがん》（薄く層状に割れやすい泥岩）から多種多様な動物化石が大量に見つかったのです。動物界は、体の基本構造（ボディプラン）をもとに、海綿《かいめん》動物門、刺胞《しほう》動物門、腕足《わんそく》動物門、軟体動物門、環《かん》形《けい》動物門、脊索《せきさく》動物門、節足動物門などに分類されていますが、現在見られるほとんどすべての門が、このとき突然出現したように見えるのです。この動物の爆発的な多様化を「カンブリア爆発」といいます。エビのような姿で体長が最大2メートルにも及んだアノマロカリス、古生代末に絶滅するまで大繁栄した三葉虫《さんようちゅう》、5つの眼を持つオパビニア、棘《とげ》がたくさん並んでいるように見えるハルキゲニア、ナメクジウオのような形をしたピカイアなど、不思議な姿をした動物種がたくさん見つかっています。

その後、バージェス動物群とほぼ同時代の動物化石である、中国の澄江《チエンジヤン》動物群（約5億2500万〜約5億2000万年前）、グリーンランドのシリウス・パセット動物群（約5億1800万〜約5億500万年前）などが発見され、これらの動物は当時の

●アノマロカリスの想像模型

バージェス動物群の一種であるアノマロカリスは、カンブリア爆発で登場した生物の中でも特に大型の種として知られる。

地球上に広く分布していたらしいことが明らかになりました。

カンブリア爆発の起源について、これまでさまざまな議論がされてきました。とりわけ、捕食者の出現が淘汰圧となり多様化が促されたとする説や、地球上に初めて出現した「眼」を持つ動物が捕食・被食関係で有利になったことから淘汰圧が働いて多様化を促したという説（光スイッチ説）などが知られています。最近では、遺伝子レベルの多様化はカンブリア紀よりもずっと以前に生じていたという推定結果も報告されています。カンブリア爆発は動物の「化石記録の多様化」というべきものなのかもしれません。

2 オルドビス紀の生物多様化

カンブリア紀の次の時代はオルドビス紀と呼ばれます。約4億8500万〜約4億4500万年前までの時代です。オルドビス紀は、カンブリア紀に出現した海生動物がさらに爆発的に多様化した「オルドビス紀の爆発的生物多様化イベント」と呼ばれる時代として知られています。海水中の懸濁物《けんだくぶつ》（浮遊物質）を濾過して食べる摂食者や遠洋性の動物など古生代型の動物相が、カンブリア紀に登場した特徴的な動物相に取って代わります。オウムガイなどの軟体動物や三葉虫などの節足動物、筆石《ふでいし》などの半索《はんさく》動物、ウミユリなどの棘皮《きょくひ》動物、床板《しょうばん》サンゴなどの刺胞動物などが、古生代の海で大繁栄しました。

オルドビス紀後期には顎《あご》を持つ顎口《がっこう》類が出現しました。顎口類には、顎を持たない無《む》顎《がく》類を除いたすべての脊椎《せきつい》動物、すなわち魚類や鳥類、哺乳類などが含まれます。無顎類は、カンブリア紀に出現以来、オルドビス紀に多様化して古生代を通じて繁栄していましたが、デボン紀末にほとんどが絶滅して、現在では円口《えんこう》類（ヤツメウナギ類とヌタウナギ類）のみが生き残っています。顎口類の出現により、オルドビス紀最後の海洋で

●海生生物の多様性の変化

カンブリア爆発で増加した生物の種類は、続くオルドビス紀に入るとさらに増加の一途をたどる。その後、5回の大量絶滅イベントが起こった（参考：J. John Sepkoski Jr.［1981 年］）。

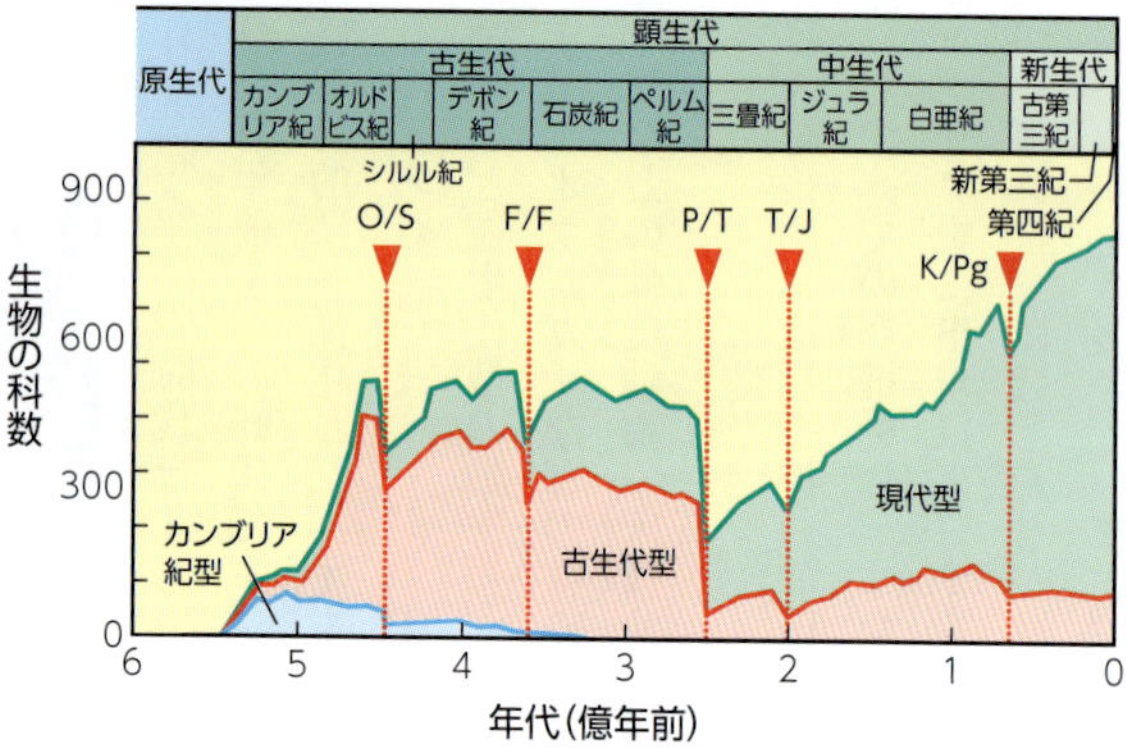

顎を持つ魚類が繁栄への道をたどることになります。

この多様化によってオルドビス期にはさまざまな動物が繁栄しましたが、約4億4400万年前、それは突然終わりを告げました。生物の大量絶滅イベントとして知られる、オルドビス紀／シルル紀（O／S）境界イベントが生じたのです。

生物種の絶滅は生存競争や環境変動などによって常に生じています。それは「背景絶滅」と呼ばれています。それとは別に、あるとき数多くの生物種が同時に絶滅するということが起こります。それが「大量絶滅」イベントです。顕生代

●筆石の化石

オーストラリアのオルドビス紀の地層から見つかった筆石の化石。オルドビス紀の大量絶滅イベントでは、筆石を含む、大半の生物が絶滅したとされる。

には主として海に住んでいた動物の化石がたくさん地層に残るようになりました。そうした化石記録から生物の多様性の変化を統計的に調べてみると、顕生代を通じて5回の大量絶滅イベントが生じたことが分かりました。O／S境界イベントは、その最初のイベントに相当します。

オルドビス紀末に生じたこの大量絶滅イベントでは、それまで繁栄していた三葉虫や筆石《ふでいし》類、サンゴなどをはじめとした腕足動物、二枚貝、棘皮動物、苔虫《こけむし》類などの大半が絶滅したとされています。生物の分類群（門・綱《こう》・目《もく》・科・属・種など）にもよりますが、当時生息していたすべての海生動物のうち、種のレベルで85パーセント、属のレベルで49〜60パーセントが絶滅したと考えられています。

大量絶滅の原因は議論のあるところで、必ずしもよく分かっているわけではありませんが、それまで大気中の二酸化炭素濃度が高く（現在の約20倍）、非常に温暖な気候だったのが、オルドビス紀末期には寒冷化が生じて、現在の北アフリカに大陸氷床が形成された結果、海水準が低下し、多くの海生動物が生息している大陸棚の浅い海が縮小。生息場所が奪われたことによって、大量絶滅が生じたのではないかという可能性のほか、太陽系近傍で生じた超新星爆発、大規模火成活動などの影響が議論されています。

3 植物の陸上進出

陸上植物は、緑藻類《りょくそう》、おそらくは車軸藻類《しゃじくそう》の仲間から進化したものと考えられています。海と陸の最大の違いは水の存在です。陸上では、乾燥に耐えるための適応進化が必要になります。よって最初は海岸沿いの淡水環境に進出したのではないかと思われます。

大陸表面に陸上植物が初めて進出したのは、今から約4億年前のことで、それ以前は陸上に生物はいなかった、と従来は考えられてきました。約4億年前ごろに大気中の酸素濃度が上昇した結果、大気上空にオゾン層が形成され、生物にとって有害な紫外線が遮蔽《しゃへい》されたために植物が陸上進出できるようになった、という有名な学説が1960年代に唱えられたからです。現在においてもなお、そういった説明がなされる場合がしばしばあります。しかしこの考え方は、すでに1980年代に否定されています。

生物にとって有害な紫外線を遮蔽するオゾン層は、大気中の酸素濃度が現在の1000分の1レベルでも形成されることが分かったのです。

現在の1000分の1レベルというのは、大酸化イベントが生じた約20億年前にはすでに達成されていたと考えられるレベルです。したがって、オゾン層の形成と植物の陸上進出には直接の因果関係はないことになります。生物の陸上進出は、もっと別の環境要因か生物進化要因によるものだと思われます。

じつは、陸上植物の進出以前の大陸上にも、微生物のコロニー（集団）のようなものが存在していたらしいことが分かっています。例えば約12億年前の陸上で形成されたと考えられる地層からシアノバクテリアの化石が見つかっています。また、12億〜10億年前の非海洋性の地層から、真核生物と思われる細胞壁《さいぼうへき》まで保存された生物化石が見つかっています。炭素や酸素の同位体の変化を調べた研究からは、約8億5000万年前以降は陸上で光合成生物の活動の影響が見られることが指摘されています。

このように、従来考えられていたよりもずっと古い時代から、陸上には生物が進出していて、光合成活動を行っていたらしいことが分かってきました。また、陸上における緑藻類と菌類の共生関係も陸上植物出現よりもずっと以前にまでさかのぼることが、分子時計の研究から分かっています。

約4億2500万年前のシルル紀の地層から最古の陸上植物化石が見つかり、最初期の陸上植物はクックソニアだと考えられました。その後、さらに約4億7500万年前のオルドビス紀の地層から、胞子をつくる植物片の化石が発見されました。これが陸上

●クックソニアの想像図

最初期の陸上植物であるクックソニアは数センチ程度の高さだったと考えられている。葉や根は持たず、先端には胞子嚢(ほうしのう)を備えていた。

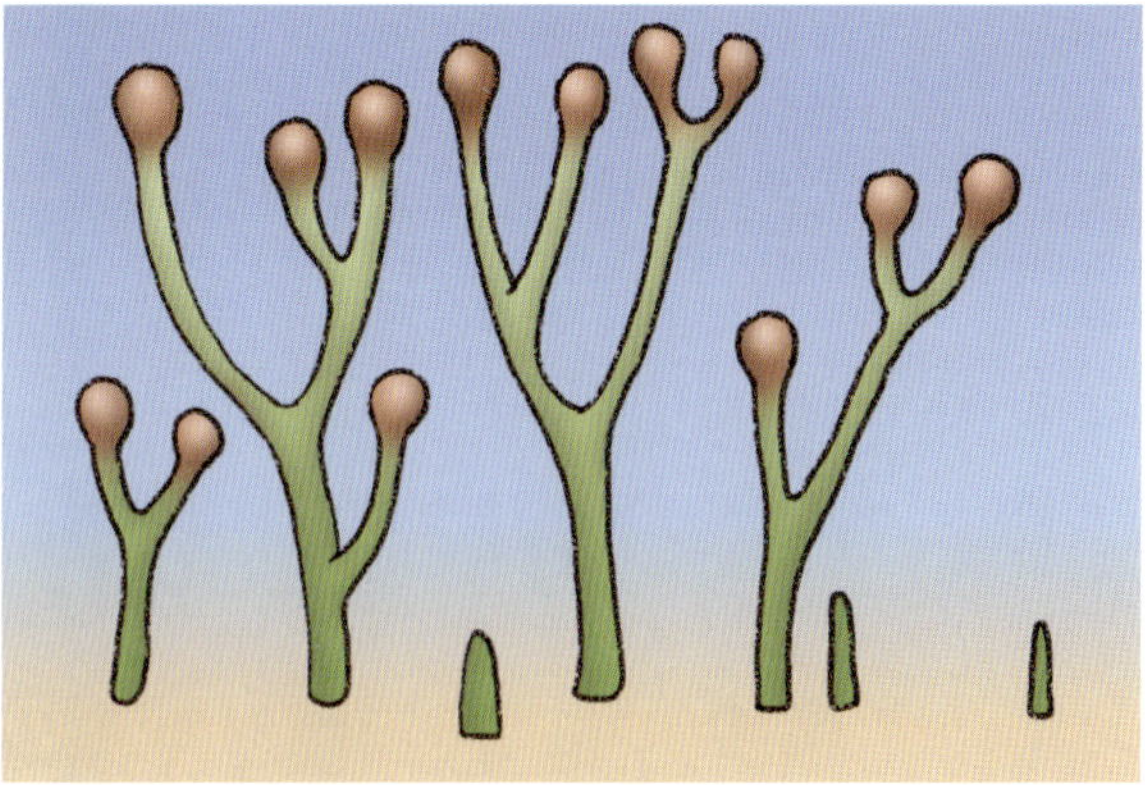

植物の最初期の証拠になっています。これは、おそらくコケ植物の苔類に似たものであったと考えられています。

陸上に進出した植物は、最初は根のない高さ数センチメートル程度の小さなものでしたが、やがて「維管束《いかんそく》」を発達させるようになりました。維管束とは、水や栄養分などを運ぶ重要な役割とともに、植物体を支える器官のことです。維管束植物はセルロースやリグニンなど、新たな有機化合物によって植物体を支えて大型化が可能となりました。

シルル紀からデボン紀にかけてはシダ植物が繁栄して、陸上に森林が発達するようになりました。

4 大森林時代と魚類・両生類の進化

オルドビス期に陸上へ進出した植物はシダ植物へと進化し、次のシルル紀（約4億4400万～約4億1900万年前）からデボン紀（約4億1900万～約3億5900万年前）にかけて繁栄しました。デボン紀後期には最古の樹木とされる前裸子植物のアーケオプテリスが30メートルの高さに達し、河川沿いに生息域を拡大して最古の森林を形成しました。さらにシダ植物のヒカゲノカズラ類が繁栄し、とくにリンボクは高さ40メートルにもなりました。ヒカゲノカズラ類は、デボン紀後期から石炭紀にかけて繁栄し、「大森林時代」を形成しました。

一方、種子を持つ最初期の原始的な裸子植物はシダ種子植物で、デボン紀後期に出現しました。裸子植物は、その後、ソテツ類、イチョウ類、さらに針葉樹などに多様化して、中生代にはシダ植物に代わって繁栄します。

デボン紀の海では、魚類も大繁栄しました。現在、海洋や陸水域を含めて地球上で最も繁栄している魚類である条鰭《じょうき》類は、シルル紀に出現してデボン紀に大発展したのです。条鰭類には、現生のほとんどの魚が属しています。

一方、「生きた化石」と称されるハイギョやシーラカンスなどの肉鰭《にくき》類が出現したのもこのころです。条鰭類と肉鰭類は、大部分が硬い骨からなる魚類で、両者を合わせて硬骨魚類《こうこつぎょるい》と呼ばれます。これに対して、サメなど骨格がすべて軟骨でできている軟骨魚類も、このころまでに出現していたことが分かっています。

デボン紀後期には、肉鰭類から、エルギネルペトン、オブルチェヴィクティス、アカントステガ、イクチオステガなど陸上へ進出した動物（原始的な四肢動物）が出現しました。これらは最初期の両生類として、その後多様化して繁栄します。

両生類は、陸上生活に初めて適応した動物ですが、完全に適応したわけではなく、基本的に水中環境を必要とします。両生類の「両生」とは、陸上と水中の両方の環境を必要とする動物という意味です。多くの化石種が知られていますが、現生の両生類は、有尾目《ゆうびもく》（サンショウウオやイモリの仲間）、無尾目《むびもく》（カエルの仲間）、無足目《むそくもく》（アシナシイモリの仲間）の3目のみで、絶滅も危惧されています。

デボン紀後期のフラニアン期末（約3億7200万年前）とファメニアン期末（約3億5900万年前）において、2度の大絶滅が生じました。この間、長期にわたって

●ダンクルオステウスの想像図

デボン紀に繁栄したダンクルオステウスは、全長6～10 mにも及ぶ大型の魚類で、顎によって他の動物を捕食することで生態系の頂点に君臨した。

地球環境が大きく変動していたらしいこと、また、絶滅は低緯度の浅海域で顕著であったことが知られています。

　デボン紀に繁栄したダンクルオステウスなどの板皮《ばんぴ》類や、無顎類の大部分、三葉虫の大部分を含む、海生動物種の75パーセントが絶滅しました。同時期には海水中の溶存酸素濃度（水中に溶け込んだ酸素の濃度）が低下する「海洋無酸素イベント」が発生したことが知られており、それが絶滅の重要な原因であった可能性が高いようです。

その直後の石炭紀初期には、四肢動物の化石が見つからない空白期間（ローマーの空白）の存在が知られており、酸素濃度の低下の影響が続いていたのではないかという指摘がありました。

しかし最近、この空白期間における進化の「ミッシングリンク」を埋める化石が発見され、両生類と、陸上生活にさらに適応した有羊膜《ゆうようまく》類の分岐が早くも起こっていたらしいことが分かってきました。有羊膜類は、やがて爬虫類につながる竜弓《りゅうきゅう》類と、哺乳類につながる単弓《たんきゅう》類という2つの大きなグループに分岐することになります。

一方、両生類に先行して、節足動物（昆虫）が陸上に進出しました。最近行われた昆虫の大規模な遺伝子解析研究によると、従来は約4億年前のデボン紀前期とされていた昆虫の起源は、じつはオルドビス紀に当たる約4億7900万年前にさかのぼるらしいことが明らかになりました。これは植物の陸上進出と同じころです。

さらに、昆虫は翅《はね》を獲得して空を飛ぶことができるようになった最初の動物ですが、それはデボン紀初期の約4億6000万年前までさかのぼること、現生種の多くの系統が出現したのは石炭紀の約3億4500万年前であることなどが分かりました。

5 酸素濃度上昇と昆虫の大型化

古生代後期の石炭紀（約3億5900万～約2億9900万年前）になると、大陸塊《かい》が集まり超大陸が形成されはじめます。大陸には低湿地帯が広がり、巨大なシダ植物の大森林が発達しました。シダ植物の倒木は低湿地に埋没して、大量の石炭が形成されました。それが「石炭紀」という時代名の由来です。

石炭紀に陸上植物が大量に埋没したことは、海水の炭素同位体比の変化にも明瞭に記録されています。植物は光合成の際、炭素12を選択的に固定するので、大気や海洋の二酸化炭素の炭素同位体比は炭素13に濃集するようになります（102ページ参照）。

この時期にはその偏《かたよ》りがさらに激しくなり、地球史においても例外的なほど炭素13に濃集したことが炭素同位体比の異常として記録されています。

樹木は枯れると分解されますが、分解を担っているのは木材腐朽菌《ふきゅうきん》と呼ばれる菌類です。しかし、樹木の発達にかかせないセルロース、ヘミセルロース、リグニンなどの植物体支持に関わる有機化合物は、生物の進化においては新しい有機化合物で、とりわけ難分解性のリグニンを唯一分解することができる白色腐朽菌は、当時まだ存在していま

●顕生代における酸素濃度の変動

赤色と青色の線は異なるモデルによる推定結果を表している。どちらのモデルでも、石炭紀の後期からペルム紀にかけて大気中の酸素濃度が上昇したことが示される。昆虫の大型化に影響を与えた可能性が考えられる（参考：Berner［2006 年］）。

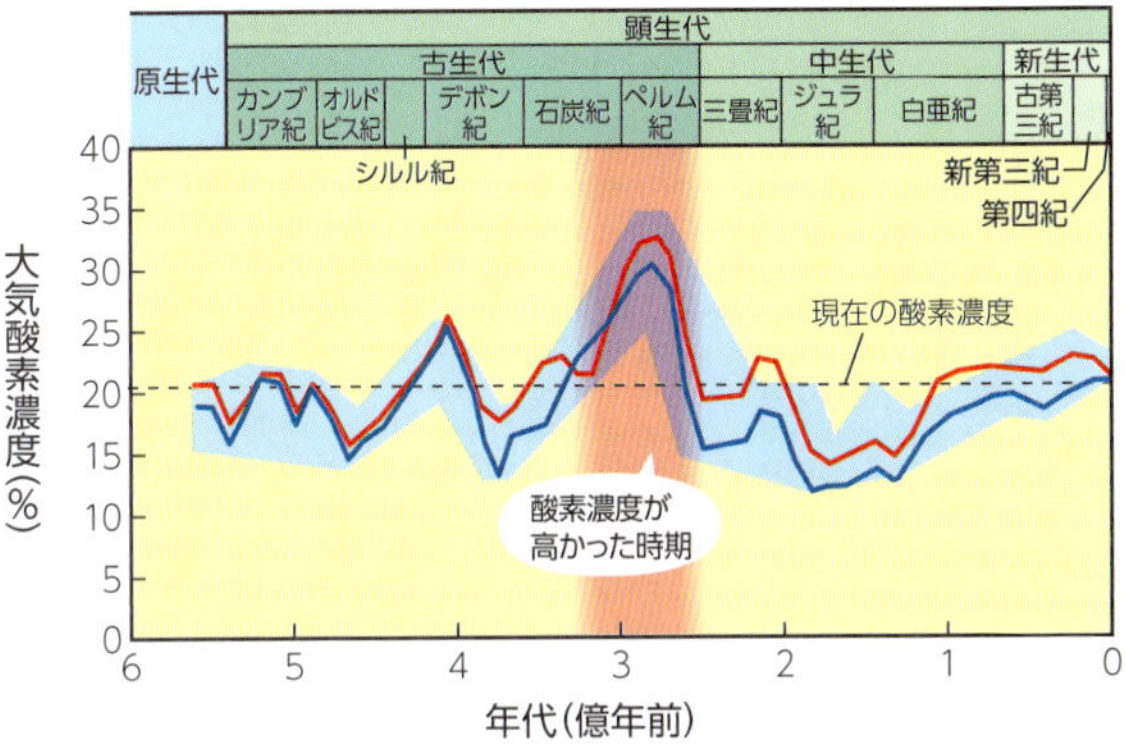

せんでした。このことが、石炭紀後期に有機物（陸上植物）が大量に埋没したことの原因であると考えられています。分子時計による研究から、白色腐朽菌はちょうど石炭紀末からペルム紀初めごろ（約2億9500万年前ごろ）に出現したと推定されています。

　ところで大量の有機物が埋没したことは、光合成によって生産された酸素の多くが消費されずに大気に放出されたことを意味します。この結果、大気中の酸素濃度は、現在の約21パーセントよりもずっと高い、約35パーセント程度にまで上昇していたものと推定されています。酸素は、酸素呼吸を行う好気性の生物にとってはなくてはならないものです。酸素濃度が低下すれば、通常の動物にとっては過酷な条件となり、低下しすぎれば生存できなくなります。しかし、酸素濃度が上昇したら生物はどうなるのでしょうか。

じつは石炭紀には、昆虫類に代表される節足動物の巨大化が生じたことが知られています。節足動物は、大森林で多様化し大繁栄を遂げました。節足動物は、現在の地球上で最も繁栄している動物でもあり、全動物の85パーセント以上を占めているといいます。それが、当時、巨大化したのです。

例えば、翼を広げると全長70センチメートルにもなる巨大トンボのメガネウラ、体長が最大2~3メートルにも達する巨大ムカデのアースロプレウラ、体長2・5メートルにも及んだ巨大なウミサソリなどが有名です。こうした節足動物の巨大化は、酸素濃度の増大と関係しているものと考えられています。

節足動物は、酸素を拡散によって体の隅々まで取り込むため、高い酸素濃度は大変有利に働き、体が大きくなれたものと考えられるのです。しかし一方で、酸素は毒性が強いガスなので、節足動物の体は防御のために大きくなったのではないか、とする説も出てきて議論が続いています。

●ウミサソリの想像図
体長が最大2.5mにも及んだウミサソリ。足は遊泳用や獲物を捕獲するために使っていたとされる。

6 ゴンドワナ氷河時代

約3億年前の石炭紀後半には、今のアフリカ大陸、南アメリカ大陸、南極大陸、オーストラリア大陸などが集まった巨大な大陸「ゴンドワナ大陸」が南半球に横たわっていました。当時、ゴンドワナ大陸の南側は、巨大な大陸氷床に覆われていたことが分かっています。最大で、南緯35度付近まで発達したといいます。

そのような氷河作用の証拠が、南アフリカをはじめとする、ゴンドワナ大陸を構成していた各大陸地塊に見ることができます。このため、石炭紀後半の氷河時代は「古生代後期氷河時代」あるいは「ゴンドワナ氷河時代」とも呼ばれています。

石炭紀後半は酸素濃度が上昇した時代でもありますが、同時に大寒冷期でもあります。石炭紀後半の酸素濃度上昇と寒冷化には何か関係があるのでしょうか。

酸素濃度が大幅に上昇した原因は、低湿地帯の周辺で大森林を形成していた陸上植物が、とりわけリグニンのような難分解性の有機化合物が分解されずに大量に埋没したことだと述べました。これは大気中の二酸化炭素を大量に固定したことに相当します。こ

●約３億年前の地球

当時の地球の南半球に存在していたゴンドワナ大陸は、南側が大陸氷床によって覆われていた。

のことが寒冷化に寄与した可能性があります。

しかしながら、この時期の寒冷化の本当の原因は別にあると考えられています。

陸上植物は、十分な水分を吸収するために根を発達させ、土壌中に張り巡らせることによって、土壌を厚く発達させました。森林を伐採すると、土壌が流出することはよく知られています。

土壌は、もともと岩盤が細かく砕かれた砂や泥から成りますが、それが厚く発達することによって、スポンジのように水分を溜める役割を持ちます。土壌中の水分には二酸化炭素が溶け込んで酸性を呈しており、土壌を構成する粒子を溶解させます。前述した化学風化作用です。化学風化作用は二酸化炭素の消費過程だということは第3章で述べました（111ページ参照）。土壌構成粒子の表面積はきわめて大きいため、同じ温度条件でも、土壌がまったくない地表面と比較して圧倒的に大きな風化反応が生じることになります。この結果、二酸化炭素がきわめて効率的に消費されて、地球は寒冷化します。

すなわち、陸上植物の進化によって土壌が厚く発達するようになったため、地表面の化学風化効率が大幅に増加したことが、地球全体の寒冷化をもたらした、と考えられるのです。実際、当時の大気二酸化炭素濃度は、現在とほぼ同じレベルまで低下していたことが、炭素循環モデリングや古土壌等の研究から分かっています。

これはまさに生物活動によって地球環境が大きく変化した顕著な例の一つであり、大変興味深い現象だといえるでしょう。

7 史上最大の大量絶滅

石炭紀の次の時代はペルム紀（約2億9900万〜約2億5200万年前）です。ペルム紀には巨大な両生類や爬虫類が繁栄しました。ところが、ペルム紀末の約2億5200万年前には、史上最大と称される生物の大量絶滅が生じました。ペルム紀／三畳紀（P／T）境界イベントです。これは古生代と中生代の地質年代境界でもあります。それだけ大きな生物種の入れ替わりが生じたということになります。

海洋に生息していた無脊椎動物の化石記録の統計によると、種レベルではなんと96パーセント以上、属レベルでも83パーセント、科のレベルでも57パーセントが絶滅したとされています。古生代に大繁栄していた三葉虫、古生代型サンゴ（板床サンゴや四《し》放《ほう》サンゴ）、フズリナなどが絶滅しました。

また海生脊椎動物についても、科のレベルで82パーセントが絶滅しました。これは顕生代においては最大の絶滅率であり、「史上最大の」と形容されるゆえんです（ただし、顕生代以前については化石記録がほとんど残っていないので不明であり、動物以外についてはやはりよく分からないため、「史上最大の生物大量絶滅」という表現には語弊があるともいえる)。

1990年代にはP/T境界に関して年代測定をはじめとする詳細な研究が進み、じつはこのときに2回の絶滅イベントがあったことが明らかになってきました。ペルム紀末とそれより約800万年前のペルム紀中期にあたるグアダループ世の末期に大絶滅が生じたのです。

大量絶滅の原因については必ずしも完全に分かっているわけではありません。しかし、海水準の低下によって浅海域に生息していた海生生物が生息場所を失ったことに加えて、同時期にシベリアで生じた「洪水玄武岩《こうずいげんぶがん》」と呼ばれる大量の溶岩を噴出する大規模な火成活動が注目されています。「シベリア・トラップ」と呼ばれる、玄武岩質溶岩の噴出が、ちょうどP/T境界とほぼ同じ年代に生じたことが分かってきたのです。

これはマントル深部から上昇してきたスーパープルーム(マントル対流の上昇流のうち特に大規模なもののこと)によって生じた火成活動で、当時噴出した溶岩の面積は700万平方キロメートル、総体積は400万立方キロメートルとも推定されています。洪水玄武岩が噴出するような大規模火成活動は、地球史においては何度も起こっていま

● P/T 境界付近で生じた海洋無酸素イベントの証拠

岐阜県犬山市の木曽川沿いに露出する、深海性の堆積物（チャート）。堆積物の色の変化が海水中の溶存酸素量の低下と密接な関係にあると考えられている。

すが、これまで知られている陸上における最大規模の事例が、シベリア・トラップです。

シベリア・トラップが形成された地域の地中には、古生代後期に形成された大量の石炭が存在していたことも分かっており、それが大規模に燃焼して、大気中には日射を遮る大量のすすや硫酸エアロゾル、そして温室効果ガスである二酸化炭素が大量に放出されたものと考えられています。その結果、地球は短期的には寒冷化しますが、長期的には温暖化が生じたものと考えられます。

温暖化は大陸の化学風化作用を促進

することで海洋へリンなどの栄養塩を大量に供給するため基礎生産が増加するとともに、海洋循環を停滞させ、「貧酸素水塊《ひんさんそすいかい》」を形成した可能性が考えられます。そのような状況が海洋深層まで生じたという地質学的証拠が、日本においても見つかっています。こうした現象は「海洋無酸素イベント」と呼ばれています。海水中の溶存酸素濃度が低下すれば、海生動物は酸素を呼吸できなくなるため、大規模な絶滅が生じても不思議ではありません。

大変興味深いことに、このとき、海生動物だけでなく、陸上の爬虫類や双弓類《そうきゅう》、昆虫、植物なども大きな被害を受け、絶滅しました。海洋域だけでなく陸域の生物が同時に絶滅した理由はよく分かっていません。無酸素水塊においては、硫酸還元菌の活動によって海水中の硫酸が還元されて硫化水素が発生しますが、この硫化水素がもし大気中に漏れ出せば、陸上の生物にも大きなダメージを与えると考えられますので、そのようなできごとが起こったのかもしれません。ほかにも、洪水玄武岩の噴出に伴う厳しい寒冷化や酸性雨の影響など、いくつかの説が提唱されています。

いずれにせよ、P／T境界における大量絶滅イベントの影響は、次の中生代三畳紀《さんじょうき》に入ってからも長く続き、生物多様性の回復には数百万年を要したことが分かっています。

第6章

顕生代の地球②

～恐竜の繁栄と絶滅～

1 恐竜の繁栄

古生代末の大量絶滅後、中生代の三畳紀《さんじょうき》（約2億5200万〜約2億年前）には生物多様性が回復しました。中生代には、六放《ろっぽう》サンゴ、セラタイト型アンモナイト、ベレムナイト、翼形《よくけい》二枚貝、放散虫《ほうさんちゅう》、貝蝦《かいえび》、ウミユリなどが繁栄したことが知られています。そのような時代に、恐竜が出現しました。

恐竜は、双弓《そうきゅう》類（四肢動物の分類群の一つ。頭蓋骨の両側に側頭窓という穴をそれぞれ2つ持つ）から分かれた鳥盤《ちょうばん》類と竜盤《りゅうばん》類の系統を指します。竜盤類は、さらに竜脚形《りゅうきゃくけい》類と獣脚《じゅうきゃく》類に分かれます。鳥盤類にはトリケラトプスやステゴサウルスなどが、竜脚形類にはブラキオサウルスやディプロドクスなどが、そして獣脚類にはティラノサウルスやヴェロキラプトルなどに加えて鳥類が含まれます。そのため、分類学的には、恐竜とは「現生鳥類とトリケラトプスを含むグループの最も近い共通祖先より分岐したすべての子孫」と定義されます。

恐竜が生息していた中生代には、恐竜に似た大型爬虫類が繁栄していたことがよく知られています。プテラノドンなどの翼竜《よくりゅう》、イクチオサウルスなどの魚竜《ぎょりゅう》、プレシオサウ

●トリケラトプスとティラノサウルス

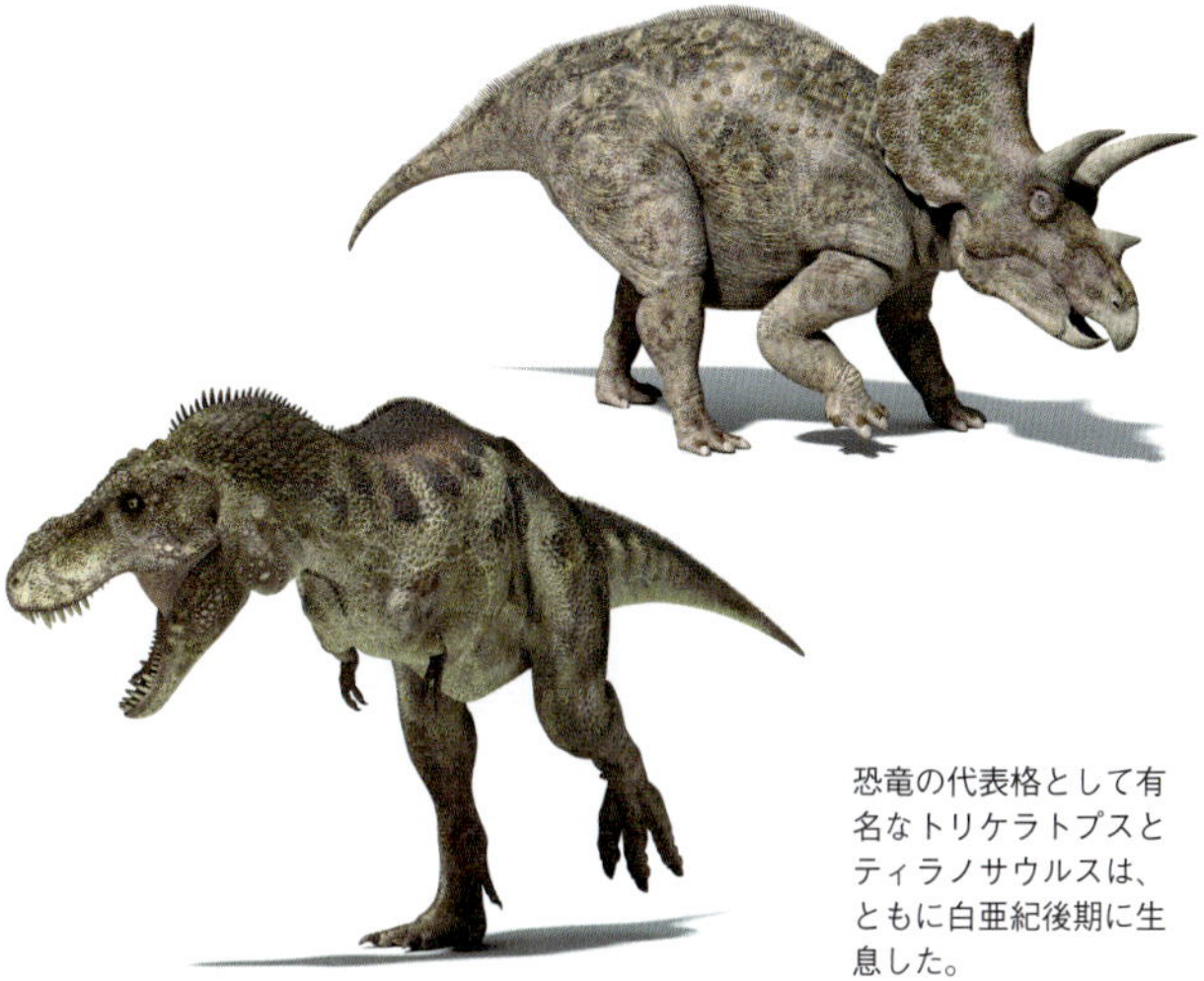

恐竜の代表格として有名なトリケラトプスとティラノサウルスは、ともに白亜紀後期に生息した。

ルスなどの首長竜《くびながりゅう》などです。しかし、これらは、恐竜とは系統的に異なるものです。

逆に、現生の鳥類は獣脚類に分類され、「恐竜類の唯一の生き残りである」と認識されるようになっています。恐竜は、完全には絶滅していないのです。実際、最近の研究からは、獣脚類には羽毛を持つものが多かったらしいことが分かっています。あえて鳥類を除いた、いわゆる〝古典的〟な恐竜類を指すためには、「非鳥類型恐竜（non-avian dinosaur）」という用語が使われています。

恐竜の特徴は、「二足歩行する爬虫類」であることで、巨大な尾を使ってバランスを取っていたものと考えられます。これは恐竜の最もきわだった特徴といえるでしょう。恐竜とは「直立歩行に適した骨格を持った爬虫類」なのです。恐竜は、三畳紀においてはまだ小さい生き物でしたが、やがて巨大なものが現れるようになり、史上最大級の動物となりました。ジュラ紀後期になるとスーパーサウルスのような全長33メートル以上、体重が40トンを超えるような超巨大なものも出現しました。

恐竜は、中生代のジュラ紀から白亜紀にかけて大繁栄したことが知られていますが、この理由の一つは、独自の呼吸器官の獲得によるものではないかと考えられています。

私たち哺乳類は、横隔膜を使って肺を膨らましたり縮めたりして呼吸をしています。しかし獣脚類は、「気嚢《きのう》」と呼ばれる袋を体の中にいくつも持ち、それを使って肺に酸素を送り込み、効率的に呼吸できたと考えられます。これは現生の鳥類と同じ呼吸システムです。気嚢システムは、三畳紀からジュラ紀にかけて、大気中の酸素濃度が13パーセント程度にまで低下したころ、獣脚類が獲得した仕組みのようなのです。

恐竜は、この効率的な呼吸システムを持つことができたために、酸素濃度の低下した中生代において繁栄できたのかもしれません。

●プテラノドンの想像図

プテラノドンなどの翼竜、プレシオサウルスなどの首長竜などは恐竜と思われがちだが、恐竜と系統的には異なる。

●スーパーサウルスの想像図

スーパーサウルスは全長33m以上、体重が40トンを超え、「史上最大級の動物」といえる。

●ティラノサウルスの頭部
巨大な頭部と肉食に適した鋭い歯。
ティラノサウルスの歯は、あらゆる
恐竜の中で最大。

●白亜紀末で終わりを告げた恐竜の時代

今から約6600万年前、白亜紀の終わりに大規模な大量絶滅が起こり、恐竜の時代は終わりを告げた。ティラノサウルスやトリケラトプスは、まさに「最後の恐竜」といえる。

2 パンゲア超大陸の分裂と大規模火成活動

古生代後半から中生代前半にかけて、地球上には一つの巨大な超大陸「パンゲア」が横たわっていました。パンゲアの周囲を取り囲む超大洋は「パンサラサ」、パンゲア大陸東側の巨大な湾のような領域は「テチス」海と呼ばれます。パンゲア大陸の存在は、ドイツの地球物理学者アルフレート・ヴェーゲナーによって、20世紀初めに指摘されていました。

ヴェーゲナーは、1915年に『大陸と海洋の起源』という著書において大陸移動説を提唱しました。彼は、大西洋の両岸、とりわけ南アメリカ大陸東岸とアフリカ大陸西岸の海岸線がパズルのピースのようにぴったりはまることに注目し、両岸に分布する岩石や地質構造、生物や化石などの証拠から、かつて一つの超大陸が存在していたが、大西洋がひらいて南北アメリカ大陸とヨーロッパ、アフリカ大陸に分裂したのではないか、と考えました。超大陸の分裂と大陸の移動によって、現在見られる海陸分布になったのだと考えたのです。

大陸移動説は、メカニズムが不明確だったこともあり、ヴェーゲナーの生前は受け入れられませんでした。

しかし、1960年代になると、地球磁場の方向が岩石に記録されることを利用した古地磁気学の手法を用いて海洋底に記録された地球磁場の逆転の歴史が解読されるとともに、それが中央海嶺をはさんで左右対称に記録されていることなどが明らかにされ、中央海嶺で誕生した海洋底が両側に拡大してきたことが実証されました。地球表面がプレートと呼ばれる十数枚の岩盤から構成されており、マントル対流によってプレートが運動しているというプレートテクトニクス理論が確立されたのです。

それ以来、大陸はプレートの上に乗って、プレートとともに運動していると考えられるようになりました。大陸の移動は、現在では人工衛星による精密な観測によって、直接計測することが可能となっています。

パンゲア大陸は、石炭紀からペルム紀にかけて、北側のローレンシア大陸（現在の北アメリカ大陸とグリーンランド、ヨーロッパの一部）とバルティカ大陸（現在のユーラシア大陸北西部）が合体したユーラメリカ大陸、シベリア大陸、南側のゴンドワナ大陸

（現在の南アメリカ大陸、アフリカ大陸、インド亜大陸、オーストラリア大陸、南極大陸など）が衝突することによって形成されました。

パンゲア大陸は中生代まで存在し続けますが、ジュラ紀の約1億8000万年前以降、新生代までの何段階かにわたって分裂を繰り返しました。

パンゲア大陸は、まず北側のローラシア大陸と南側のゴンドワナ大陸に分裂し、さらにゴンドワナ大陸は、南アメリカ大陸とアフリカ大陸に分裂し、南極大陸、オーストラリア大陸、インド亜大陸などが分裂して、最終的に現在のような海陸配置になったのです。

●パンゲア超大陸の分裂

大陸の分裂に伴って、大西洋が拡大して太平洋が縮小することで、現在の地球の姿となった。

ペルム紀（約2億2500万年前）

三畳紀（約2億年前）

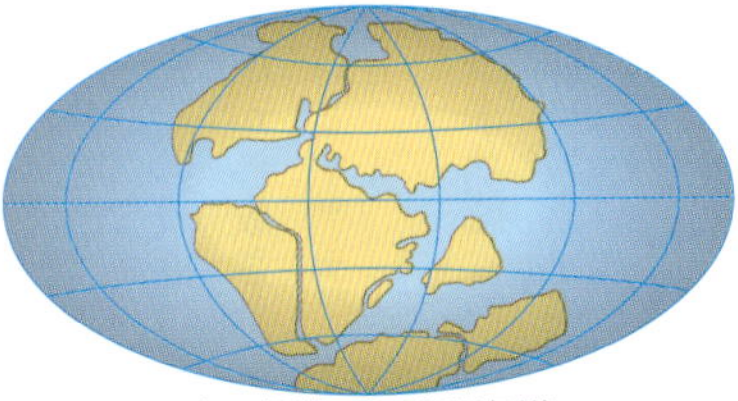
ジュラ紀（約1億5000万年前）

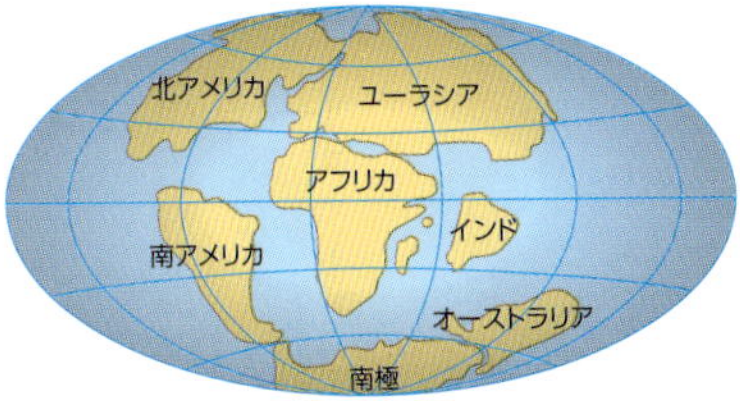

白亜紀（約6600万年前）

3 白亜紀の温暖化と海洋無酸素イベント

白亜紀（約1億4500万〜6600万年前）は、顕生代において最も温暖な時期だったことで有名です。

海洋底の拡大速度が速く、火成活動が地球規模で活発でした。そのため、大量の二酸化炭素が大気中に放出されていて、大気中の二酸化炭素濃度は現在の数倍から十倍近くも高かったと考えられています。高緯度域にも氷床が形成されておらず、現在とはまったく異なる温暖気候だったらしいことが知られています。ティラノサウルスやトリケラトプスはそんな白亜紀に繁栄した恐竜です。

この時代には、海水中の溶存酸素が低下して無酸素状態になるという現象が繰り返し生じたことが知られています。前章で述べた「海洋無酸素イベント」です。

海に住んでいる動物も、陸上の動物と同じく酸素呼吸をしているので、溶存酸素が低下すると生存できません。したがって、海洋無酸素イベントが生じると、海生動物は壊滅的なダメージを受けます。古生代に起こったデボン紀後期の大量絶滅も、ペルム紀／三畳紀（P／T）境界における〝史上最大〟の大量絶滅イベントも、海洋無酸素イベン

●海洋無酸素イベント時の海底堆積物

イタリア中部に見られる、白亜紀半ばの海洋無酸素イベントで形成された有機物に富んでいる海底堆積物の層（中央の黒色の層）。

トがその原因だったらしいことを述べました（38ページ参照）。

そもそも、海水中の溶存酸素は消費される運命にあります。それは、海水中には酸素を消費する還元剤、すなわち有機物が大量にあるからです。海洋の表層で植物プランクトンは光合成によって二酸化炭素と水から有機物と酸素を生産します。プランクトンの糞《ふん》や死骸は、マリンスノーとなって海水中を沈降しますが、有機物は酸素と反応して分解され、最終的には二酸化炭素と水になります。そのため、海水中の酸素はどんどん消費されてしまうのです。

海洋表層での基礎生産が増えると、有機物がたくさん降ってくるため、酸素の消費量が増大し、ついには海洋無酸素イベントが発生します。白亜紀の海洋無酸素イベントにおいては、主として海底に生息する底生生物の多くの種が絶滅したことが知られています。

それでは、生物の基礎生産はどんなときに増えるのでしょうか。それは、気候の温暖化が進行したときです。なぜならば、温暖化が進むと、大陸の化学風化の反応速度が増大して、陸から海へ大量のリンが流入します。リンは生物にとって必須元素で、光合成活動になくてはならない元素です。そのため、利用可能なリンの量によって、基礎生産量は制限されているのです。しかし、陸からのリンの流入が増えれば、海水中のリン濃度も増えるので、基礎生産も増加するのです。

白亜紀において海洋無酸素イベントが生じた時期には、マントルプルームの活動が活発で、温暖化が特に進んだ時期でもあり、ペルム紀／三畳紀境界も、シベリア・トラップを形成するプルーム活動で温暖化が生じたことが知られています。

気候の温暖化によって海洋無酸素イベントが発生して生物の絶滅が生じる、ということが過去に繰り返し生じていたのであれば、地球温暖化が進行している現代に生きる私たちも、この問題に無関心でいるわけにはいかないかもしれません。

4 恐竜の絶滅

恐竜は、三畳紀の初めから白亜紀末までの約2億年という長期間にわたって、地球上に君臨しました。ところが、今から約６６００万年前、突然、（現在の鳥類につながる系統を除いて）すべて姿を消しました。恐竜だけではありません、翼竜や首長竜、モササウルス、古生代から長らく繁栄したアンモナイトなども完全に絶滅しました。また、二枚貝類、腕足類、苔虫類、円石藻《えんせきそう》や有孔虫《ゆうこうちゅう》などの多くの種も絶滅しました。このとき、種のレベルで最大約75パーセントが、一斉に絶滅したとされています。白亜紀／古第三紀（K／Pg）境界における大量絶滅イベントです。

１９８０年、ノーベル賞受賞者の物理学者ルイス・アルヴァレスと地質学者であるウォルター・アルヴァレスの親子は、白亜紀／古第三紀境界の地層中にイリジウムなどの白金族元素が異常濃集していることを発見し、直径10キロメートル程度の小惑星が地球に衝突したことによって地球環境変動が引き起こされ、恐竜を含む多くの生物種の絶滅が引き起こされたのではないか、とする仮説を提唱しました。この主張は、文字どおり〝天変地異〟が起こったとするものであり、それまでの地質学的な世界観を覆す画期

●地球への天体衝突

白亜紀末に直径 10km ほどの小惑星が現在のメキシコ・ユカタン半島北部に衝突して、地球環境変動を引き起こし、恐竜を含む多くの生物種が絶滅したと考えられている。

的なものでした。その分、長い論争が続くことになりました。

この仮説が正しければ、天体衝突によって衝突クレーターが形成されるはずですが、このときの衝突クレーターの存在は不明でした。しかし、1991年、現在のメキシコのユカタン半島北東部で、このクレーターは見つかりました。なんと地下1～2キロメートルに埋没していたのです。「チクシュルーブ・クレーター」と名付けられたこの衝突クレーターは、直径が170～200キロメートルという巨大なものでした。

天体衝突によって地表から巻き上げられた大量の塵が大気上層を覆い、日射を遮ることによって光合成活動が停止し、食物連鎖によって当時の生態系の頂点に立つ恐竜までもが絶滅したとする「衝突の冬」仮説が、恐竜絶滅の原因としてよく言われます。実際、有孔虫の絶滅パターンをみると、海洋無酸素イベントによる絶滅パターンとは対照的に、海洋表層にすんでいる浮遊性種は大部分が絶滅したのに対して、海洋中層から深層の海底にすんでいる底生種についてはあまり絶滅しておらず、衝突の冬仮説と調和的であることが知られています。

ただ、塵の影響は数カ月程度しか続かないと考えられているため、衝突の冬仮説が本当に正しいのかどうかについてはよく分かっていません。天体衝突が大量絶滅を引き起こすきっかけになったことはもはや疑う余地はありませんが、大量絶滅のメカニズムそのものについては、じつはいまだに解明されていないのです。

いずれにせよ、恐竜が繁栄した中生代が終わりを告げたことによって、時代は大きく転換することになります。現在まで続く哺乳類の繁栄する時代、新生代が訪れることになるのです。私たち人類の繁栄も、このできごとがなければあり得なかったかもしれません。天体衝突という〝確率的〟な現象が、地球の歴史を大きく変えるきっかけになったことを考えると、これは歴史が持つ予測不能性の一面を象徴するできごとだったといえるでしょう。

5 新生代初期の温暖化

新生代（約６６００万年前~現在）は、古第三紀と新第三紀、そして第四紀に区分されます。古第三紀（約６６００万~約２３００万年前）はさらに暁新世《ぎょうしんせい》、始新世《ししんせい》、漸新《ぜんしん》世《せい》の三つ、新第三紀（約２３００万~２５８万年前）は中新世《ちゅうしんせい》と鮮新世《せんしんせい》の二つ、第四紀（約２５８万年前~現在）は更新世《こうしんせい》と完新世《かんしんせい》の２つに区分されています。現在は新生代の最後、第四紀完新世ということになります。

新生代の最初の時代である暁新世においては、恐竜の生き残りである鳥類が繁栄しました。とりわけ、翼が退化し地上生活に適応した大型の恐鳥類は、小型獣脚類が占めていた生態的地位（ニッチ）を引き継ぎました。

北米大陸やヨーロッパでは、体長２メートル、体重２００キログラム以上にも及ぶ「ガストルニス（ディアトリマ）」が、陸上生態系の頂点に立ちました。頭部が40センチメートルもあり、鉤《かぎ》型に曲がった鋭いくちばしで、哺乳類を捕食していたようです。哺乳類は、暁新世初めはまだ小型のものが多かったようですが、暁新世から始新世にかけて多様化し、さらに漸新世になると現在見られる多くの種が出現しました。

●新生代の海水温の変遷

海水の酸素同位体比からの推定により、新生代の前期には温暖化、後期には寒冷化が生じていたことが分かる。

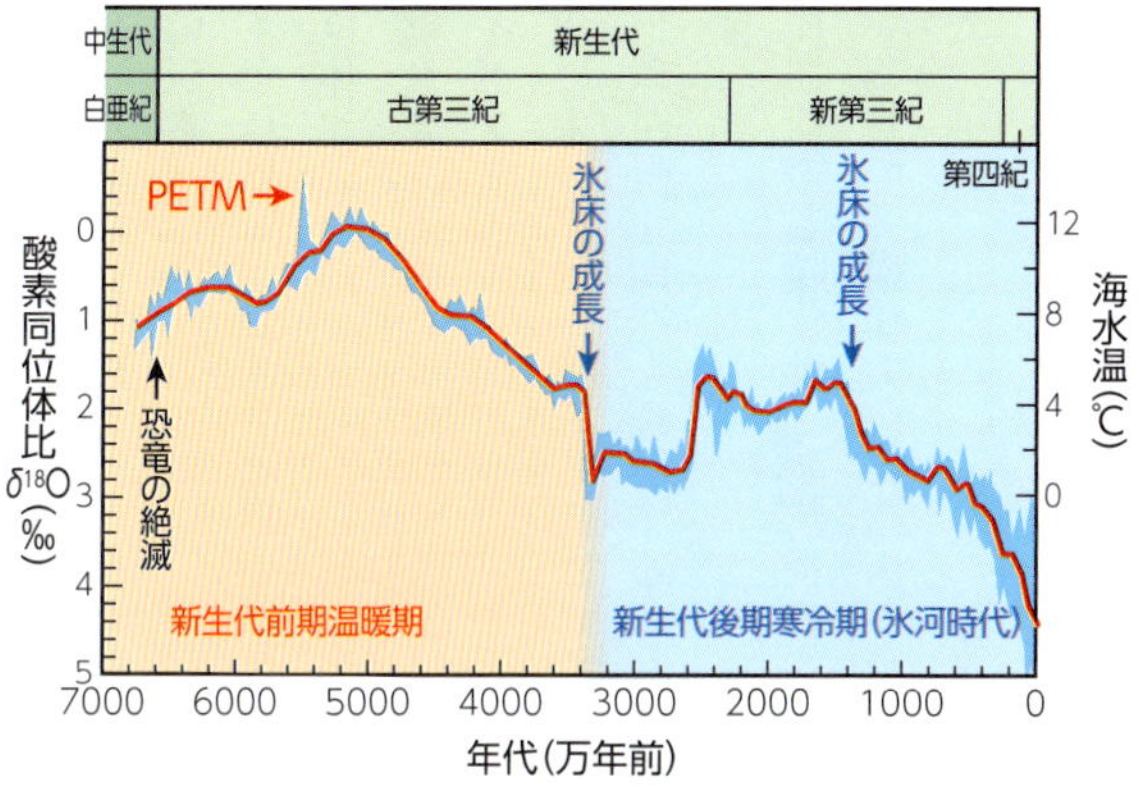

まさにその暁新世から始新世にかけて、中生代の白亜紀半ばに匹敵する気候の温暖化が生じたことが知られており、二酸化炭素濃度は、現在の4～5倍程度にまで増加したと推定されています。白亜紀同様、高緯度の極域まで温暖化したらしい証拠が残されていて、現在とはまったく異なる気候状態にあったことが分かります。その温暖化の途上で、現代の地球温暖化とよく似たできごとが生じました。

今から約5600万年前、暁新世／始新世温暖極大（PETMと略称される）という突発的な温暖化イベントが生じたのです。その様子が、海水の酸素および炭素の同位体比の変化として海底堆積物中に記録されています。それによると、温暖化は約1~2万年というごく短期間で進行し、全球平均気温が10度近く、海洋の深層水温が5度程度も上昇しました。

海水の炭素同位体比の変動は、軽い炭素（炭素12）の過剰な流入を示唆しており、変化の速さから見て、海底堆積物中に存在していたメタンハイドレートが分解して、軽い炭素同位体比を持つメタンが大気中に大量にもたらされたことによって、このような急速な温暖化が生じたのではないか、と考えられています。

このイベントによって、底生生物の多くの種が絶滅したことも知られています。急速な温暖化によって何が生じるのかについて、この温暖化イベントを詳しく調べることは、現代の地球温暖化問題を理解することにつながるものと考えられ、研究者の注目を集めています。

新生代初期の温暖化は、始新世の約5000万年前がピークで、その後は寒冷化に転じます。そして、南極大陸に氷床が形成され、現在へとつながる新生代の氷河時代が訪れました。

6 ヒマラヤ・チベットの隆起

白亜紀にアフリカ大陸から分裂したインド亜大陸は、インドプレートに乗って年間15～20センチメートルという非常に速い速度で北上し、5000万年ほど前にユーラシア大陸に衝突しました。インド亜大陸はユーラシア大陸と衝突することで動きが遅くはなったものの、現在もなお北上し続けています。

沈み込んでいるプレートに引きずられて、インド亜大陸はユーラシア大陸の下に沈み込もうとしますが、大陸地殻は軽いために海洋地殻のようには沈み込むことができません。その結果、北側のユーラシア大陸が浮力によって大規模に隆起して、ヒマラヤ山脈やチベット高原が形成されました。大陸同士の衝突によって、巨大な山脈が形成されることを、「造山運動」と呼びます。

ヒマラヤ山脈は、東西2400キロメートルにも及び、大ヒマラヤ、小ヒマラヤ、外ヒマラヤと呼ばれる3つの平行に走る山脈からなります。このうち一番北側の大ヒマラヤに、現在地球上で最も高いエベレスト（標高8844メートル）を含めて、8000

●ヒマラヤ山脈

ヒマラヤ山脈は、中国、インド、パキスタン、ネパール、ブータンにまたがる大山脈。世界最高峰として知られるエベレストもヒマラヤ山脈にある。

メートル級の山々が14峰もそびえ立っています。さらに、ヒマラヤ山脈の北側には広大なチベット高原が広がっています。平均標高4500メートル、東西2000キロメートル、南北1200キロメートルにも及ぶ、世界最大級の高原です。

新生代には、インド亜大陸とユーラシア大陸だけでなく、アフリカ大陸もヨーロッパ大陸に衝突しました。この結果、アルプス山脈が形成されました。これら一連の造山運動によってテチス海は消滅し、テチス海の堆積物は大規模に隆起することになりました。ヒマラヤの山々を構成している岩石から、アンモナイトをはじめとする海生動物の化石が見つかるのはこのためです。

ヒマラヤ山脈やアルプス山脈はひとつながりの造山帯であるともいえ、アルプス・ヒマラヤ造山帯と呼ばれます。現在の地球上には、もう一つ、北米大陸のロッキー山脈や南米大陸のアンデス山脈を含む環太平洋造山帯があります。

こうした大山脈を形成する造山運動は、過去においても繰り返し生じてきたものです。例えば、古生代前期においては、北米大陸に見られるアパラチア山脈、スカンジナビア半島からイギリスのスコットランド地方にかけて分布するカレドニア山地などが一連の造山運動によって形成されました。その後、古生代後期にはパンゲア大陸を形成する過程でロシアのウラル山脈などが造山運動によって形成され、これらの山脈はその後の長い年月にわたる浸食作用によって、現在では標高の低い山脈やなだらかな丘陵地に変わっています。

ヒマラヤ造山運動によって高い山脈が形成されると、大規模な浸食作用が生じます。それによって気候の寒冷化が生じたとする仮説も提唱されています。

7 新生代の寒冷化

新生代初期の温暖化が終わると、地球は寒冷化に向かいます。そして、約4300万年前ごろには南極大陸に氷床が形成されたと考えられています。新生代の氷河時代の始まりです。南極氷床は、始新世／漸新世境界（約3400万年前）に大きく発達したらしいことが分かっています。

この時期には、南極大陸とオーストラリア大陸が分裂してタスマニア海峡が形成され、さらに南極大陸と南米大陸が分裂してドレーク海峡が形成されたことによって、南極大陸の周りを流れる南極環流が成立しました。この結果、南極大陸が中低緯度地域から熱的に孤立して、南極大陸の寒冷化が進んだのではないかとする説があります。

地球の寒冷化はさらに進みます。今から約2400万年前には、世界中の海水準の低下が生じ、南極の気候がさらに寒冷化したことが知られています。そして、約1000万年前の中新世後期には、南極氷床は現在の規模をしのぐほどにまで発達したらしいといわれています。そして、今から258万年前の第四紀になると、寒冷化がさ

●南極氷床

南極大陸は、大陸の約98%が氷床で覆われており、氷床の面積は約1400万km^2である（日本の約37倍）。近年は地球温暖化の影響が懸念されている。

らに進み、北半球にも大きな氷床が形成され始めたと考えられています。

また、新生代の寒冷化は、大気や海洋による熱輸送の変化のほか、温室効果ガスである大気中の二酸化炭素濃度の低下が関係していると考えられています。大気中の二酸化炭素濃度の低下の原因にはいろいろな要因がありますが、その一つが前述の造山運動との関係です。

新生代に生じたヒマラヤ山脈およびチベット高原の隆起によって、大規模な浸食が生じ始めました。

これによって、この地域の化学風化効率が増大することになります。

しかし、地球全体で見ると、火山活動などによる二酸化炭素の供給は、化学風化とそれに伴う炭酸塩の沈殿などによる二酸化炭素の消費と常につり合っていなければなりません。したがって、このつり合いを保つように、大気中の二酸化炭素濃度が低下して、地球全体が寒冷化します。

ヒマラヤ・チベット地域の化学風化率は高い浸食率のために他の地域と比べて増大していますが、寒冷化によって他の地域の化学風化率が低下することによって、地球全体で見ると二酸化炭素の供給率とつり合いを保てることになります。すなわち、造山運動が生じることによって気候の寒冷化がもたらされた、ということになります。

新生代の寒冷化は、ヒマラヤ・チベット地域の隆起による結果かもしれないということの仮説は、浸食率と化学風化率との関係がカギを握っており、現在研究が進められているところです。もしこれが本当だとしたら、過去の寒冷化についても、当時の造山運動が関係していたということになるのかもしれません。

第7章

第四紀の地球

～ヒトの誕生から現在の地球へ～

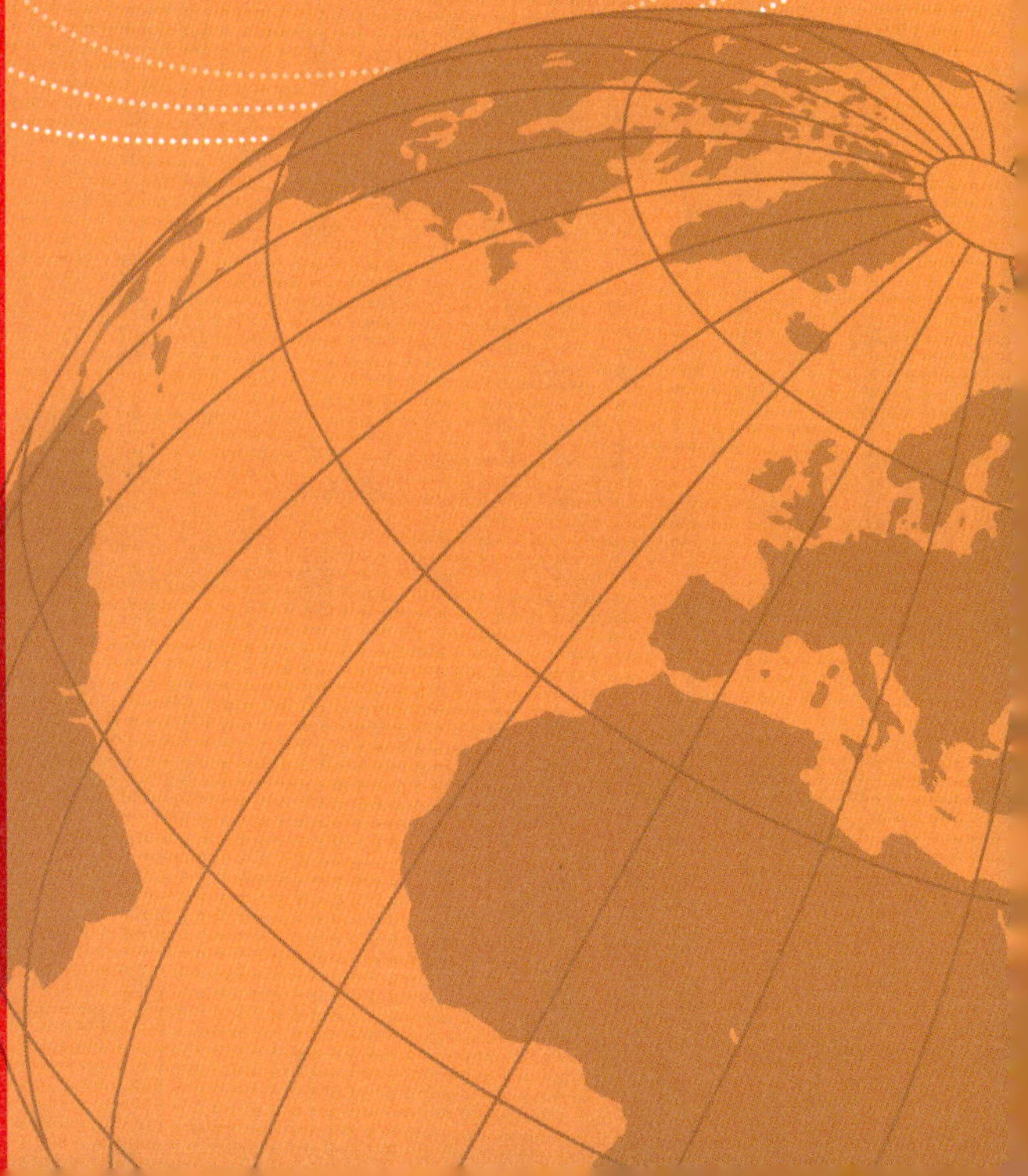

1 第四紀という時代

現在は今から約258万年前に始まる「第四紀」と呼ばれる時代です。第四紀という名称は、もともと地質時代が第一紀、第二紀、第三紀、第四紀と分けられていたことに由来しています。しかし、この中で現在も公式名称として残っているのは、第四紀だけです。第三紀という名称は最近まで使われていたのですが、現在では使われていません（現在では「パレオジン」と「ネオジン」の2つの紀に分けられているが、日本語ではそれぞれ「古第三紀」「新第三紀」と訳されている）。そのため、「すでに第一紀や第二紀、さらには第三紀という名称が使われないのに、第四紀だけ使われるのはおかしい」とか「独立した紀とするには期間が短すぎるのではないか」などの理由から、第四紀という名称をなくすべきであるという大きな議論がありました。2009年、国際地質科学連合は第四紀を残すという決定をしました。その背景には、第四紀は特別な時代である、という認識があったからだろうと思われます。

第四紀は、ヒトの時代です。通常、地質年代境界は生物化石の入れ替わりに基づいて

●新生代における第四紀

18世紀において、中生代以前の化石が出ない時代を「第一紀」、現生生物とは異なる生物の化石が出る時代を「第二紀」、現生生物に近い生物の化石が出る時代を「第三紀」と区分された。「第四紀」はその後に追加された時代区分であり、第一紀・第二紀・第三紀が廃止された現在でも名称として使われている。

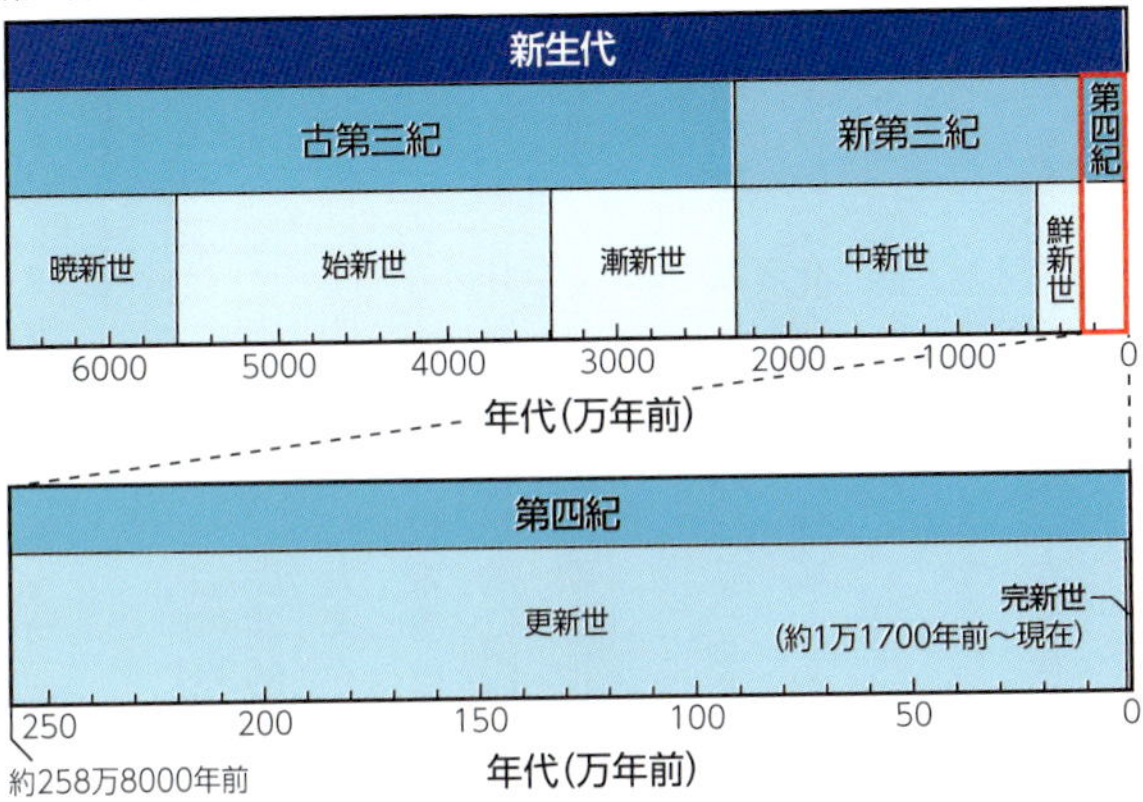

決められますが、第四紀の始まりはヒトの出現と関連付けられています。2009年の決定でも、第四紀はヒト属の出現、すなわちホモ・ハビリスの出現と、第四紀に特徴的な気候変動が始まった時代ということで、「ジェラシアン期」と呼ばれる時代の地層の基底で定義されました。ちょうどこのころから、氷床量（すなわち気候）の指標である海水の酸素同位体比変動の振幅が大きくなり始めることから、気候変動が激しくなり始めたとみなすことができる、というのがその理由です。

また、第四紀の始まりは、化石記

録からは決められないものの、地磁気が逆転したすぐ後に当たることから、見つけやすいという利点があります。

第四紀は、南極大陸だけでなく、北半球にも氷床が形成され、地球の軌道要素の変動に起因した日射量変動に応答して、周期的な気候変動が生じていることが知られています。気候変動の振幅は時間とともに大きくなり、やがて氷期（氷河期のこと）と間氷期が約10万年の周期で繰り返すようになります。間氷期とは、氷期と氷期の間の時代という意味であり、氷期に比べれば相対的に温暖な時期ではありますが、依然として極域に氷床が存在する寒冷な気候条件の時期を指します。現在の地球も気候学的には間氷期に当たります。

氷期と間氷期の繰り返しに対応して、氷床は発達と後退を、海水準は低下と上昇を繰り返します。より乾燥化が進んだ地域もあれば、より湿潤化した地域もあり、植生も大きく変化しました。第四紀において、自然環境は繰り返し大きく変化してきたのです。

このような時代に、ヒト属は原人から現生人類へと進化し、アフリカ大陸から世界中に拡散しました。私たちヒトの進化と密接に関係していたとも考えられる第四紀の気候変動について理解することは、私たちヒトの歴史を知ることにつながるのです。

2 地磁気逆転とチバニアン

第四紀は、更新世《こうしんせい》（約258万〜1万1700年前）と完新世《かんしんせい》（約1万1700年前〜現在）に分けられています。更新世はさらに、ジェラシアン期、カラブリアン期、中期、後期の4つに区分されています。前期に相当するジェラシアン期とカラブリアン期という名称は、「国際標準模式層断面及び地点（GSSP）」と呼ばれる、その地質時代の境界の最も代表的な地層として認定されている場所の地名からそれぞれとられました。それに対し、中期と後期にはそのような固有の名称がありません。これは、GSSPがまだ認定されていないからです。それはなぜなのでしょうか。

じつは、新しい時代の堆積物は海底に堆積して間もないため、まだほとんど陸上には姿を現していません。地層として陸上に露出している場所があるとすれば、地殻の隆起速度が非常に速い変動帯です。そのような場所で、この時代の条件のよい地層が陸上に現れているのは、世界中で日本とイタリアくらいなのです。

更新世の前期と中期の境界は、地磁気が「逆磁極期（松山期）」から現在の「正磁極期（ブリュンヌ期）」に逆転した境界で定義されています。ちなみに第四紀の始まりは、正磁極期（ガウス期）から逆磁極期（松山期）への逆転が生じたときとほぼ同時期です。

地球の磁場は棒磁石がつくる双極子磁場で近似できますが、磁場の方向が現在のように北極にS極、南極にN極（方位磁石の針はN極が北極向き、S極が南極向きとなる）である正磁極期と、北極にN極、南極にS極（方位磁石の針はS極が北極向き、N極が南極向きとなる）である逆磁極期とがあって、両者が何度も繰り返されてきたことが分かっています。このような地磁気逆転の中で一番最近に起こったものが、今から約78万年前の松山／ブリュンヌ境界であり、それが更新世の前期／中期境界に対応するのです。

千葉県市原市の養老川沿いには、ちょうど更新世の前期と中期の境界の地層が露出しています。「千葉セクション」と名付けられたこの地層には、松山／ブリュンヌ境界の地磁気逆転が明瞭に記録されており、更新世中期のGSSPの有力な候補地点といえます。そこで、日本の地質学者グループは、千葉セクションを更新世中期のGSSP候補として国際地質科学連合に推薦しました。この場所がもしGSSPとして認定されれば、更新世中期は「チバニアン（千葉時代）」と呼ばれることになる見通しです。

ほとんどの地質時代名がヨーロッパの地名から取られたものであることを考えると、

●第四紀の地質時代区分

第四紀の更新世は、４つの期間に分けられる。更新世中期、更新世後期の始まりの証拠として認定されている地層（GSSP）は存在していないが、将来的に千葉県にある地層（千葉セクション）が中期のGSSPに認定される可能性がある。

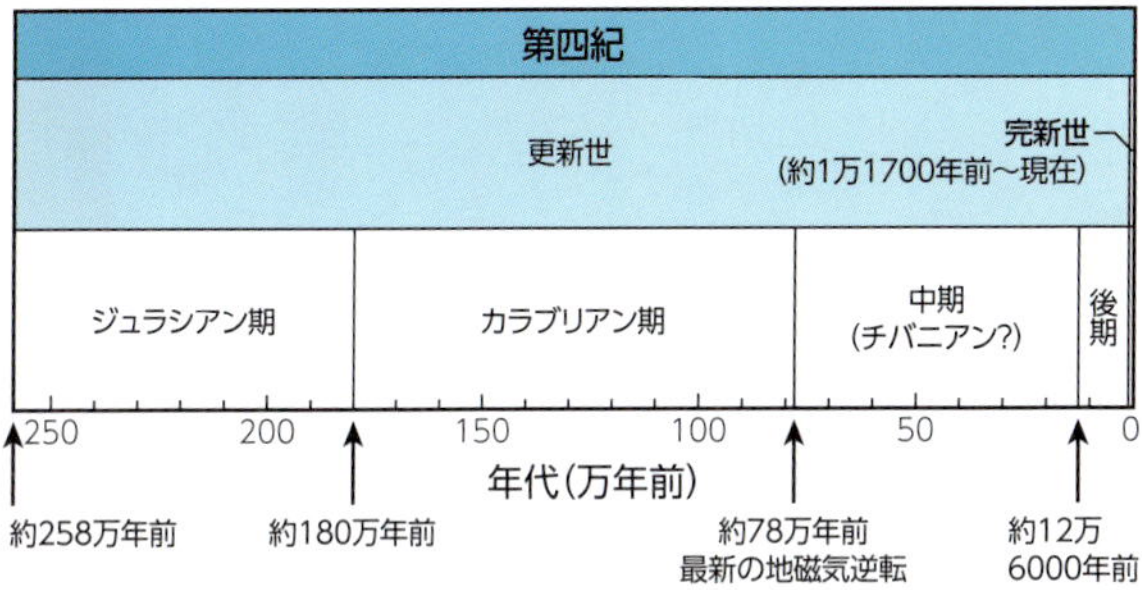

日本の地名から取られた名称がつくことは画期的です。すでに、イタリアの2カ所を含めた3つの候補地の中から選ばれてはいるものの、現時点（2018年12月）ではまだ正式に決まってはいません。

更新世中期（約78万～12万6000年前）は、氷期と間氷期が10万年で繰り返すようになった時代で、周期的な気候変動が顕著です。

この時代がチバニアンと呼ばれるようになるかは分かりませんが、千葉セクションは2018年に国の天然記念物として指定されました。いずれにしても更新世中期の代表的な地層であることには変わりありません。

3 氷期・間氷期サイクル

第四紀は、寒冷な氷河時代であり、氷床が発達したより寒冷な氷期と、氷床が後退したより温暖な間氷期とが繰り返し訪れました。海水の一部が大陸に移動して氷床となるため、氷床の発達と後退によって、海水準は100メートル以上も変動します。そして、第四紀に入ってから、気候変動の振幅は非常に大きくなってきたことが分かっています。

こうした気候変動の原因は、20世紀の初めにセルビアの地球物理学者ミルティン・ミランコビッチによって唱えられた「ミランコビッチ理論」によって説明されています。

ミランコビッチは、地球の軌道要素が周期的に変化することによって、特に北半球高緯度の夏の日射量が周期的に変化し、周期的な気候変動が引き起こされる、と考えました。氷床の成長は、とりわけ高緯度地域の冬に降った雪が夏を越せるかどうかが重要な要因だからです。

日射量に影響を与える軌道要素としては、公転軌道の離心率（真円からのずれ）、自転軸の傾き、自転軸の歳差運動（近日点の位置の変化）があります。これらの時間変化を天体力学計算によって調べると、離心率の変化は約10万年と40万年、自転軸の傾きは約4万年、そして自転軸の歳差運動は約2万年の周期で変動していることが分かります。そこで、これらの周期は「ミランコビッチ周期」、それによって生じる周期的な気候変動は「ミランコビッチ・サイクル」と呼ばれるようになりました。

この理論は、ミランコビッチの生前には必ずしも受け入れられませんでしたが、彼の死後、1970年代半ばになって、海底堆積物の掘削コアを回収して、堆積物に記録されている気候変動の時系列データを解析した結果、過去80万年間の気候変動には、約10万年、4万年、2万年の周期性が見られることが分かったのです。これらの周期はミランコビッチ周期とよく一致することから、ミランコビッチ理論は一躍脚光を浴びるようになりました。

ただし、実際の気候変動は、氷期と間氷期の繰り返し（氷期・間氷期サイクル）に対応した10万年の周期が最も強いことが知られています。すなわち、氷期と間氷期とが10万年の周期で繰り返し、それにさらに4万年と2万年の周期的な気候変動が重なっているということです。ところが、その原因とされる日射量の変動は2万年と4万年の周期が顕著で、10万年周期は小さすぎるため、実際の氷期・間氷期サイクルを説明するこ

●ミランコビッチ周期

グラフは、過去100万年間の軌道要素（a、b、c）、日射量変動（d）、気温変動（e）を示したもの。いずれも周期的な変動が見られる。なお、実際の気候変動は、（e）に示される氷期・間氷期サイクルに対応する。

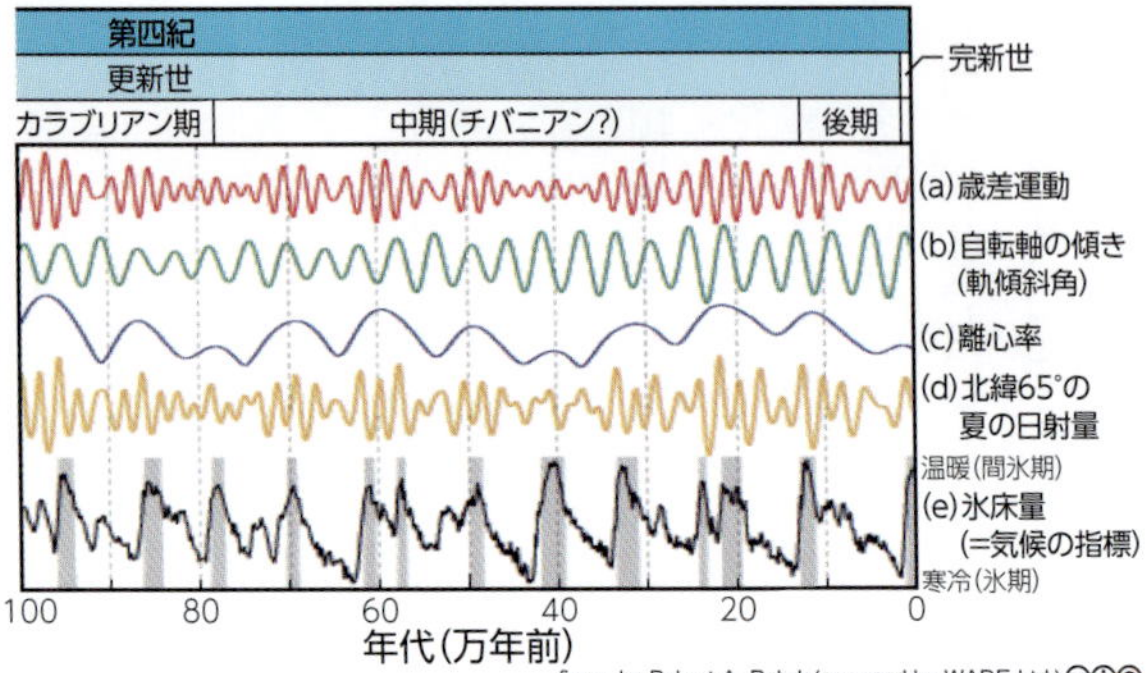

とができません。氷期・間氷期サイクルの10万年周期の原因は長年の大きな謎でした。最近、東京大学の阿部彩子博士らが気候モデルを用いて調べた結果、この10万年周期は、日射量変化に対する大気―氷床―地殻の相互作用がもたらしたものであることが明らかになりました。

北米大陸ではユーラシア大陸とは対照的に、近日点の位置の変動周期（約2万年）ごとに氷床が大きく成長します。日射量の最大値を決めるのは離心率ですが、離心率が最小に近づくにつれて氷床の成長は加速し、やがて氷床のサイズは最大になります。その後、離心率が再び増大すると、夏の日射が強くなることで氷床は後退し始めます。

この際、北米大陸の巨大な氷床の重さのために大陸地殻は深く沈降しています。したがって、氷床の高度が低くなっている結果、氷床表面の気温は高く、氷床が融けやすくなっており、氷床の融解が一気に進みます。こうして、離心率の10万年周期に対して北米大陸の氷床が非線形的に応答する結果、気候変動の顕著な10万年周期が生じる、ということが明らかになりました。

また、氷期・間氷期サイクルに伴って、大気中の二酸化炭素濃度も増減していたことも知られています。二酸化炭素濃度は、温室効果の増減によって氷期・間氷期サイクルの変動を増幅させますが、必ずしも二酸化炭素濃度の変動が10万年周期の直接的な原因であるわけではないようです。大気中の二酸化炭素濃度の変動は、気候変動に対する複雑な地球システムの応答（フィードバック作用）の結果、増幅されているのかもしれません。

氷期・間氷期サイクルという過酷な気候変動の時代を、私たち人類の祖先は生き抜いてきました。私たちの祖先が経験した氷期の地球とは、いったいどのような世界だったのでしょうか。

4 最終氷期の地球

氷河期という言葉はよく使われますが、これはじつは俗語で、「氷期」という用語が正式です。氷河時代には氷期と間氷期とが何度も繰り返されます。ただし、氷河期といえば、一般には、いわゆる「最終氷期」を指すことが多いようです。

最終氷期とは、今から約7万~1万1700年前までの時期で、何度も繰り返された氷期・間氷期サイクルにおける、〝一番最近〟の氷期のことを指します。ヨーロッパではヴュルム氷期とも呼ばれます。

最終氷期において、気候は変動しながら徐々に寒冷化が進行していき、今から約2万6500~1万9000年前、世界各地の氷床の広がりはピークに達していました。この時期は「最終氷期最寒冷期」と呼ばれています。北米大陸では「ローレンタイド氷床」がカナダ全域から米国の五大湖周辺まで、ユーラシア大陸では「フェノスカンジア氷床」がヨーロッパ北部全域から西シベリア北部まで、南米大陸では「パタゴニア氷床」がチリ南部を覆っていました。もちろん、南極大陸もすべて「南極氷床」に覆われていました。そして、ヒマラヤ・チベット地域やアンデス山脈などの山岳地域は、山岳氷河に覆われていました。

北欧のフィヨルドや北米の氷河湖、ヨーロッパ・アルプス山脈などに見られるU字谷や圏谷《けんこく》（カール）、モレーン（氷河によって削られ、運搬された岩屑の堆積）などの美しい氷河地形は、最終氷期やそれ以前の氷期において、氷河が流動することによって形成されたものです。

最終氷期最寒冷期には、大陸上に大規模な氷床が発達したため、海水準は現在より130メートルも低下していました。この結果、現在の東南アジアの海域は大きな陸地となり、アジアとアラスカはベーリング地峡（ベーリンジア）によって地続きとなるなど、現在の浅い海底の多くが陸地として姿を現しました。

私たち人類の祖先は、この時期にユーラシア大陸からベーリング地峡を通って北米大陸にわたり、太平洋沿岸を通って、ごく短い期間で南米大陸の南端にまで到達しました。彼らが現在のアメリカ先住民（インディアンやインディオ）の祖先だと考えられています。人類だけではなく、マンモスを含むさまざまな動物もユーラシア大陸と北米大陸の間を移動したことも分かっています。

当時の日本周辺でも、北海道と樺太《からふと》、ユーラシア大陸は陸続きとなり、瀬戸内海や東京湾も陸地になっていたなど、海岸線は現在とはかなり異なっていました。寒冷な気候のため、高山には山岳氷河が発達し、北海道ではツンドラが、また針葉樹林帯が西日本まで広がっていたようです。

最終氷期において、気候はとりわけ不安定であったことが分かっています。というのも約1500年の周期で、突然、急激な温暖化が生じるということが25回も繰り返されたのです。これは「ダンスガード・オシュガー・イベント」と呼ばれる現象です。

グリーンランド氷床を掘削して得られた氷床コアの分析によると、当時のグリーンランドは10年程度の間に気温が10度以上も上昇するという、きわめて急激な温暖化が生じたことも分かっています。また、急激な温暖化の直前には、「ハインリッヒ・イベント」と呼ばれる、海底に氷山が運んだ岩屑が大量に堆積した層が見られます。これは、北米大陸で成長したローレンタイド氷床が崩壊することで始まる一連の地球システム変動が自律的に繰り返されていたことによるものだといわれていますが、まだ議論が続いています。北半球氷床の融解は2万～1万9000年前に、そして西南極氷床の融解が1万5000～1万4000年前に始まりました。氷床融解の影響は、それぞれの時期に見られる海水準の急上昇として記録されています。

5 人類の出現

ヒトが属する「霊長類」は、霊長目《れいちょうもく》またはサル目《もく》とも呼ばれ、その起源は約6600万年前の白亜紀末までさかのぼります。北米大陸で誕生したプレシアダピス類は、新生代の暁新世前期から始新世にかけて北米大陸からヨーロッパに生息していました。ただ、プレシアダピス類は霊長類の近縁ではあるが真の霊長類ではないという見方もあり、〝偽霊長類《ぎれいちょうるい》〟とも呼ばれます。

プレシアダピス類の衰退とともに、暁新世にはアダピス類とオモミス類が現れます。これらは原始的な霊長類で、北米大陸とヨーロッパで繁栄しましたが、北米大陸のものは何らかの理由で絶滅してしまいます。アダピス類とオモミス類は、それぞれ曲鼻《きょくび》猿《えん》類（曲鼻猿亜目《あもく》）と直鼻《ちょくび》猿《えん》類（直鼻猿亜目）へと進化しました。このうち曲鼻猿類は、その後アフリカからマダガスカル島にわたり、外界から隔絶した環境下でキツネザル下目《かもく》とロリス下目へと進化しました。一方、直鼻猿類は、メガネザル亜目と真猿《しんえん》亜目に分岐し、真猿亜目は、始新世中期から漸進世前期（4000万～3000万年前）に、広鼻《こうび》猿《えん》類（広鼻下目）と狭鼻《きょうび》猿《えん》類（狭鼻下目）に分岐します。

広鼻猿類は、文字通り鼻の穴の間隔が広く、穴が外側に向いているのが特徴です。そして南米大陸で繁栄していることから、「新世界ザル」とも呼ばれます。

このように、北米大陸の霊長類はすでに絶滅しているので、広鼻猿類はアフリカ大陸から海をわたってきたことになります。当時の南米大陸とアフリカ大陸は現在よりも近かったため、流木などに乗って漂流しながら海を渡ったのではないかと考えられているようです。広鼻猿類は、現在南米大陸で繁栄しているクモザル科、サキ科、ヨザル科、オマキザル科に分岐しました。

これに対して、狭鼻猿類とは、文字通り鼻の穴の間隔が狭く、穴が下もしくは前を向いているのが特徴です。狭鼻猿類はオナガザル上科《じょうか》とヒト上科に分岐します。オナガザル上科はさらにニホンザルを含むオナガザル亜科《あか》とコロブス亜科に分岐します。これらは、アフリカ大陸からアジアに生息していることから、ヒト上科を除いた狭鼻猿類（つまりオナガザル上科）を「旧世界ザル」ともいいます。

今から2800万～2400万年前ごろの漸新世に、狭鼻猿類からヒト上科が分岐しました。ヒト上科は、「類人猿《るいじんえん》」とも呼ばれ、テナガザル、オランウータン、チンパンジー、ゴリラ、ヒトが含まれます。ヒトに似た形態と高い知能を持ち、社会生活を営んでいるのが特徴です。そしてヒト上科はテナガザル科とヒト科に、ヒト科はオランウータン亜科とヒト亜科に、ヒト亜科はゴリラ族とヒト族に分岐します。

そして、今から約７００万年前の中新世メッシニアン期において、ヒト族がチンパンジー亜族とヒト亜族に分岐しました。ヒト亜族とは、直立二足歩行をする方向へ進化したグループで、いわゆる〝人類〟のことです。すなわちこれが、人類の出現です。新生代における霊長類の長い進化を経て、ようやく人類が誕生したのです。

●霊長類の進化の系譜

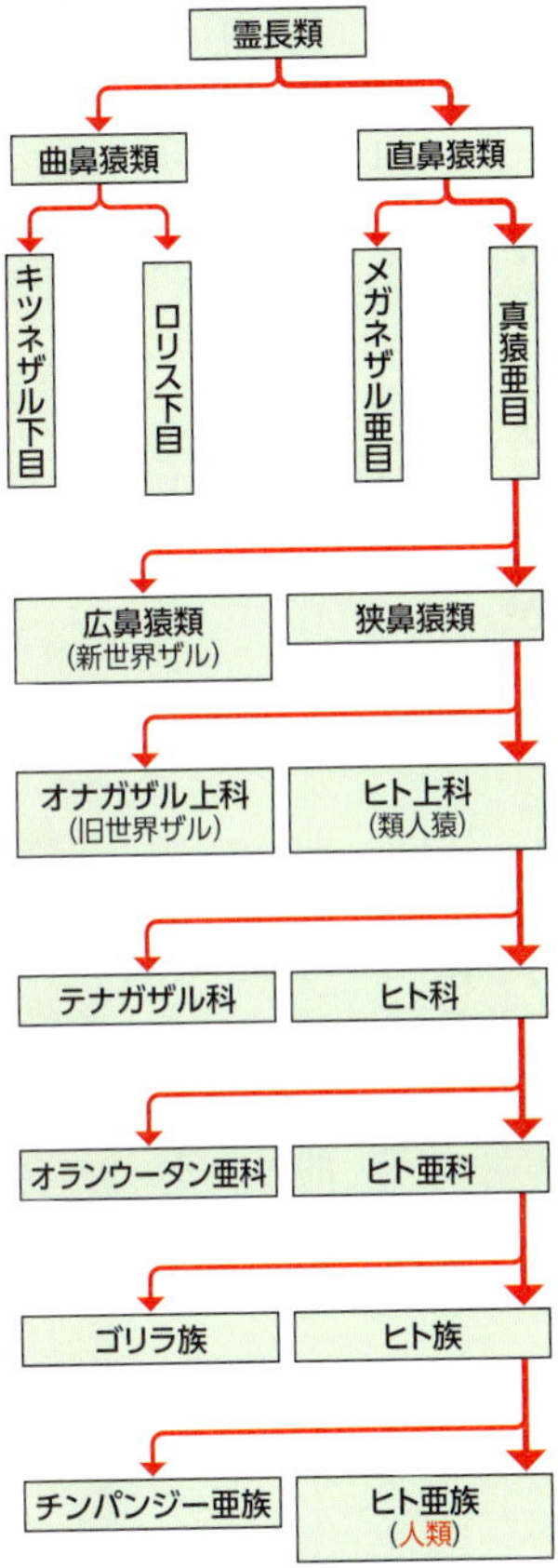

霊長類は、進化の過程で多くの分岐を経て人類へと至った。系譜からはチンパンジーやゴリラが人類の“親戚”ともいえる存在であることが分かる。

6 人類の進化

初期の人類は、脳の容積がまだ小さく、「猿人」と呼ばれますが、尾がなく直立二足歩行だったと考えられています。

最初期の人類は、700万~600万年前のアフリカ中部で発見されたサヘラントロプス属です。とはいえ、頭骨しか見つかっておらず、その特徴から直立二足歩行をしていたとする説があるものの、必ずしも合意は得られていないようです。

その後、アルディピテクス属が出現しました。アルディピテクス・ラミダス（ラミダス猿人）はその一種で、約580万~440万年前のエチオピアに生息していました。こちらは、確実に直立二足歩行を行っていたと考えられています。ただし、足の指でものをつかめる構造になっていることから、樹上生活も行っていたらしいことが示唆されています。

鮮新世《せんしんせい》の400万~200万年前にはアウストラロピテクス属が出現して南アフリカを含む東アフリカ一帯に生息していました。脳の容量は現生人類の35パーセント程度で、チンパンジーと同じくらいですが、直立二足歩行を行い、食料として植物や小動物のほ

●アウストラロピテクス・アファレンシスの頭骨

アウストラロピテクスの脳の容量はチンパンジー同程度だった（画像提供：国立科学博物館）。

か、肉食獣の食べ残しをあさるなどしていたと考えられています。

この属の仲間としては、アウストラロピテクス・アナメンシスやアウストラロピテクス・アファレンシス（アファール猿人）、アウストラロピテクス・アフリカヌスなどが知られています。「ルーシー」と呼ばれるアウストラロピテクスの有名な化石は、アウストラロピテクス・アファレンシスのものです。

その後、240万年前ごろになると、最初期のヒト属（ホモ属）であるホモ・ハビリスが出現します。第四紀の始まりです。

ホモ・ハビリスは猿人ではなく「原人」と呼ばれます。ホモ・ハビリスの脳の容量は現生人類の半分程度にまでなりました。ホモ・ハビリスは、石器、すなわち道具を発明したことが顕著な特徴で、ここから「旧石器時代」が始まります。

その後、ホモ・エレクトスが出現しました。ホモ・エレクトスは現生人類の75パーセント程度の大きな脳を持っていたようです。ホモ・エレクトスは約50万年前にアフリカを出て、東はインドやインドネシア、中国、西はシリア、イラクなどへ拡散したことが、化石の分布から分かっています。〝出アフリカ〟は、第四紀の寒冷化によって生息地が乾燥化したことが直接的な原因であったと考えられています。有名な北京原人やジャワ原人もこのホモ・エレクトスの亜種とされています。ホモ・エレクトスは第四紀の更新世に繁栄しましたが、中東地域においては約20万年前に、その他の地域においても約7万年前には絶滅しました。

東アフリカに残ったホモ・エレクトスからホモ・ネアンデルターレンシス（ネアンデルタール人）とホモ・サピエンスの共通祖先が、更新世中期（チバニアン）の50万年前ごろに分岐しました。そして、約20万～30万年前に現生人類（ホモ・サピエンス・サピエンス）が出現したと考えられています。現生人類は約20万年前のアフリカ人祖先集団に由来するという分子生物学的な推定結果は、原生人類のアフリカ単一起源説を支持します。

現生人類の最古の化石は、エチオピアで発見された約20万年前のものですが、最近、モロッコで約30万年前の最古の人類化石と考えられるものが発見されたとして話題になっています。ホモ・サピエンスは、約7万〜5万年前に再びアフリカを出てヨーロッパからアジアに広がりました。ミトコンドリアDNAを用いた研究によれば、現生人類はアフリカ女性（この女性は〝ミトコンドリア・イブ〟とも呼ばれる）の子孫であることが分かっており、この出アフリカ説とも調和的です。

ホモ・サピエンスとほぼ同時期に、ヨーロッパを中心に西アジアから中央アジアにおいてネアンデルタール人が繁栄していました。ネアンデルタール人は、寒冷地に適応した体型で、非常に頑丈な骨格をしていました。また、脳容量は現生人類よりも大きかったことが分かっています。しかし、何らかの理由により約4万〜3万年前に絶滅してしまいました。これまでネアンデルタール人は、現生人類の祖先だと考えられていましたが、現在では直系の祖先ではなく別の系統の絶滅した人類であると考えられています。

最近、ジブラルタル海峡を望むイベリア半島南端の洞窟からネアンデルタール人の遺

●人類の進化と分布

700万年前にアフリカに出現したサヘラントロプス以来、アルディピテクス、アウストラロピテクス、ホモ・ハビリスに至るまでアフリカ大陸のみに生息したが、約240万年前に出現したホモ・エレクトスがヨーロッパやアジアにまで生息域を広げた。そして、約25万年前に出現した現生人類の祖先のホモ・サピエンスもアフリカが起源であり、現在では全世界に広がっている。

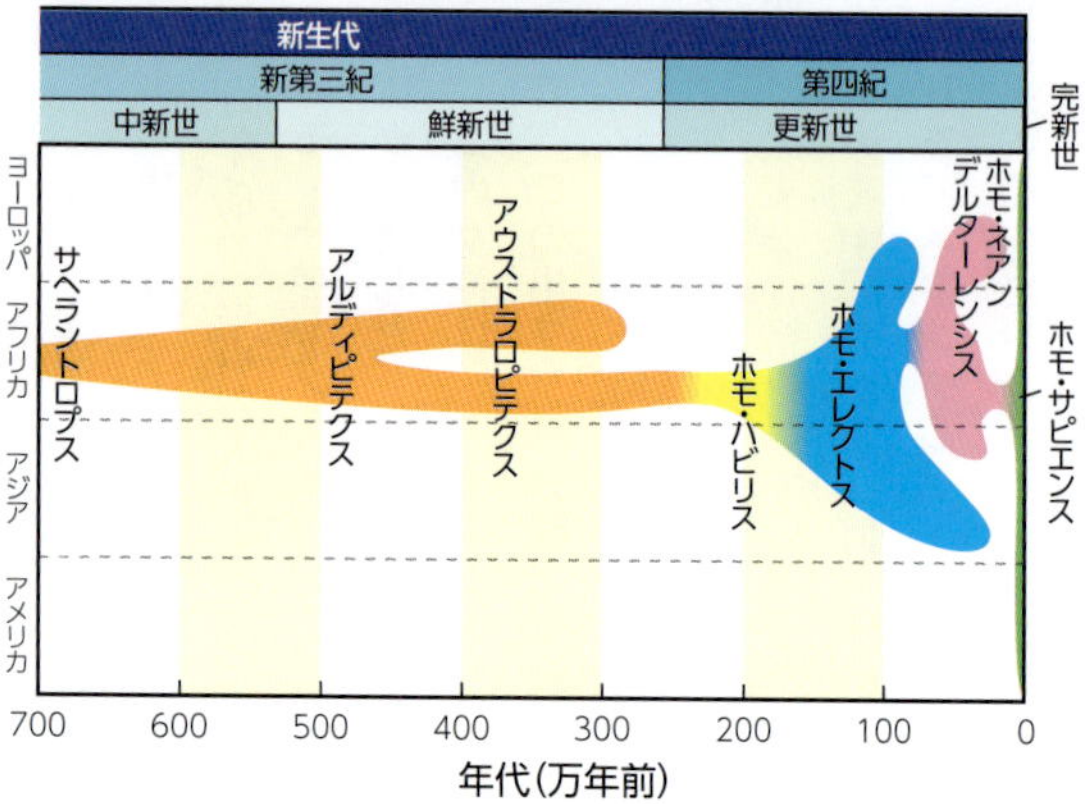

跡が発見され、ネアンデルタール人は2万8000～2万4000年前の最終氷期最寒冷期まで生き延びていたことが分かったのです。

また最近、アフリカのネグロイドを除く現生人類のゲノムには、ネアンデルタール人の遺伝子が1～4パーセント程度混じっているという衝撃的な事実も明らかになりました。

こうした歴史を経て、最終氷期の終わりとともに、私たち人類の時代が訪れたのです。

7 人類の繁栄

最終氷期の末期に温暖化が始まります。「ベーリング＝アレレード期」と呼ばれる温暖期が約1万4600～1万2900年前に訪れますが、温暖化の途中で、突然、寒冷化が起こって再び寒冷期に逆戻りします。約1万2900～1万1700年前に生じた「ヤンガードリアス期」と呼ばれる〝寒の戻り〟です。

この、ヤンガードリアス期が終わった約1万1700年前から、現在へと続く間氷期である「完新世（または後氷期）」が始まります。

現在のシリアに当たるユーフラテス川中流域のテル・アブ・フレイラでは、約1万3000年前にライムギなどを栽培していたと考えられる世界最古級の農耕の跡が発見されています。ちょうどヤンガードリアスの急激な寒冷化とそれに伴う乾燥化が始まったころ、それまでの主食であった野生のムギ類やマメ類等が激減したことが分かっています。すなわち、気候変動に起因してライムギの栽培が始まった可能性が指摘されています。テル・アブ・フレイラでは1万1050年前ごろの住居跡など集落の遺跡が知られています。

農耕の開始に伴って牧畜も始まり、人類の生活スタイルは、それまでの狩猟採集型から農耕牧畜型へと変わります。農耕牧畜によって安定した食料の供給や備蓄が可能となることは、共同体の生活を支え、人口増加による都市化のために必須の条件といえます。

農耕には大量の水が必要ですが、河川は氾濫を起こすことから、その管理のために灌《かん》漑《がい》がなされるようになり、さらに農耕や作物の管理のために暦《こよみ》や測量などが必要となることから天文学や数学などの学問が発展したのではないかと思われます。

世界四大文明であるメソポタミア文明、エジプト文明、インダス文明、黄河文明などは、それぞれチグリス川とユーフラテス川、ナイル川、インダス川、黄河などの大河川流域で繁栄したことはよく知られています。河川の氾濫を利用した氾濫農耕や氾濫を制御する灌漑農耕の確立が、文明の発展の一つの要因だったとも考えられます。

長江《ちょうこう》文明、メソアメリカ文明（マヤ文明やアステカ文明など、スペインによる征服以前の中米の古代文明）、アンデス文明などその他の文明でも灌漑農耕が発達しました。文明の特徴である、政治・社会システム、冶金《やきん》技術（金属の精錬や加工の技術）、宗教、芸術、文字などほかの要素についても、都市の発達に伴い、ある程度の必然性を持って獲得されていったのかもしれません。

この間、地球の気候は比較的安定していたことが分かっています。実際には、8000年前ごろの寒冷化（ボレアル期）、7000~5000年前ごろの温暖化（気候最適期）、西暦900~1250年ごろの〝中世の温暖期〟、西暦1250~1850年ごろの〝小氷期〟など、気候変動があったことは知られていますが、地球全体で見た場合には必ずしも大きな変動だったとは限らないようです。いずれにせよ、突然かつ急激な気候変動が繰り返した最終氷期と比べると、完新世の気候はきわめて安定していますす。この理由は必ずしもよく分かってはいませんが、海洋循環が比較的安定していることが一つの要因であるようです。

世界各地における国家の興亡や文明の盛衰の中で、18世紀後半のイギリスで産業革命が始まりました。これは、蒸気機関や機械の発明による工業化で産業構造が大きく変化し、それに伴って交通や経済、社会の構造の変革が起こったことを指します。

産業革命以降、人類の文明は加速的に発展し、現代における人類の繁栄に至ります。人類の人口は70億人以上に達し、食料や資源・エネルギー、環境などの面で持続可能性を問われる状況におかれています。化石燃料の消費による地球温暖化や人間活動による

〝地球史上6回目の大量絶滅〟とも呼ばれる状況も、もたらされています。

このように、人間活動は環境や生態系に影響を与えるようにまで大きくなっています。その活動の痕跡は、地層に記録されうるほどの影響を持つようになったため、「人類世または人新世（Anthropocene）」と呼ぶべき新たな地質時代を定義すべきではないかという議論があります。

もしそのような地質時代を認定する場合、それがいつ始まったのかの定義が必要です。人新世の開始は農耕の開始や産業革命などで定義する、という提案もありますが、有力なのは、世界初の核実験が行われた1945年を人新世の開始時期として定義するという提案です。その理由は、放射性降下物がマーカーとして地層に記録されているからです。この議論がどうなるかはまだ分かりませんが、人間活動の大きさを改めて認識する事例といえます。

地球の46億年の歴史から見れば、人類が文明を築きあげた時間はほんの一瞬に過ぎません。しかし、地球史的観点からすれば、人間活動によってもたらされた現代の状況が今後どのような結果をもたらし、我々の文明の寿命があとどのくらい続くのかが、重要な問題だといえるでしょう。

終章

これからの地球

～人類と惑星地球の未来～

1 近未来の地球環境

産業革命以降、人間は化石燃料を大量に消費することで文明を発展させてきました。そして現在、石炭・石油の燃焼や森林伐採によって、温室効果物質が大量に排出されています。

人間活動が原因で、完新世の大部分を通じて約280ppm程度で安定していた大気中の二酸化炭素濃度は、21世紀初めには400ppmを突破しました。二酸化炭素濃度が増加すれば温暖化がもたらされることは原理的に明らかで、実際、過去の古気候変動においてもそうでした。

気候変動に関する政府間パネル（IPCC）の第5次評価報告書によれば、「人為起源の温室効果ガスの排出は、工業化以降増加しており、これは主に経済成長と人口増加からもたらされている。そして、今やその排出量は史上最高となった。このような排出によって、二酸化炭素、メタン、一酸化二窒素の大気中濃度は、少なくとも過去80万年間で前例のない水準にまで増加した。それらの効果は、他の人為的要因と併せ、気候システム全体にわたって検出されており、20世紀半ば以降に観測された温暖化の支配的な原因であった可能性が極めて高い」として、人間活動によって温暖化が生じていることを、科学的根拠を持って吟味した上で、結論付けています。

今後の温暖化の影響は、世界の二酸化炭素排出シナリオに大きく依存します。21世紀末の世界平均気温の上昇幅は、非常に厳しい二酸化炭素排出緩和シナリオの場合は0・3〜1・7度程度に抑えられますが、非常に高い排出シナリオの場合には2・6〜4・8度となります。仮に排出抑制の追加的努力のないシナリオの場合は、後者に近い結果をもたらすでしょう。

二酸化炭素濃度上昇の影響は平均気温の上昇にとどまらず、年平均降水量の変化（湿潤地域ではより降水量が増加、乾燥地域はより乾燥化が進むなど）、海面水位上昇、海洋酸性化、海氷・氷床の減少、永久凍土の減少、極端な気象現象（熱波、大雨、干ばつ、強い熱帯低気圧、高潮、洪水など）の頻度の増加、生物種の絶滅、生態系の遷移などをもたらすと予想されています。

その結果、食料や水資源の確保の問題、人々の強制移転の増加、経済成長の減速、貧困の増加などが予測されており、「気候変動は、貧困や経済的打撃といった十分に裏付けられている紛争の駆動要因を増幅させることによって、内戦や民族紛争という形の暴力的紛争のリスクを間接的に増大させうる」ことが懸念されています。地球温暖化は、環境変動のみならず、こうした社会的リスクをもたらす危険性も高いのです。

温暖化は地球史を通じて何度も生じてきましたので、それ自体は珍しいことではありません。

しかし現代の地球温暖化は、二酸化炭素の放出速度が火山ガスの脱ガス速度よりも２桁以上大きな規模であることが特色です。この点においては、１９５ページで紹介した暁新世／始新世温暖極大（ＰＥＴＭ）という、今から５６００万年前に生じた急激な温暖化イベントが、現代の地球温暖化イベントのアナロジーとなり得るものとして注目されています。

このときにもやはり急激な温暖化によって海洋酸性化が生じたほか、炭酸塩鉱物の溶解、無酸素水塊《すいかい》（酸素がほとんど溶けていない海水）の形成、底生有孔虫《ていせいゆうこうちゅう》の大規模な絶滅、陸上や海洋における生物の生息分布の変化などが起こったことが分かっています。

そして温暖化の影響は、炭素循環の時間スケールである10万年程度も続きました。地

●地球温暖化の予測

2014 年に発行された IPCC 第 5 次評価報告書では、4 パターンの RCP（代表的濃度経路）シナリオを設定して、それぞれの場合での 2081 ～ 2100 年における 1986 ～ 2005 年の世界平均地上気温との差の予想値を算出している。RCP8.5 の場合、4℃前後の気温上昇が想定される（参考：IPCC 第 5 次評価報告書）。

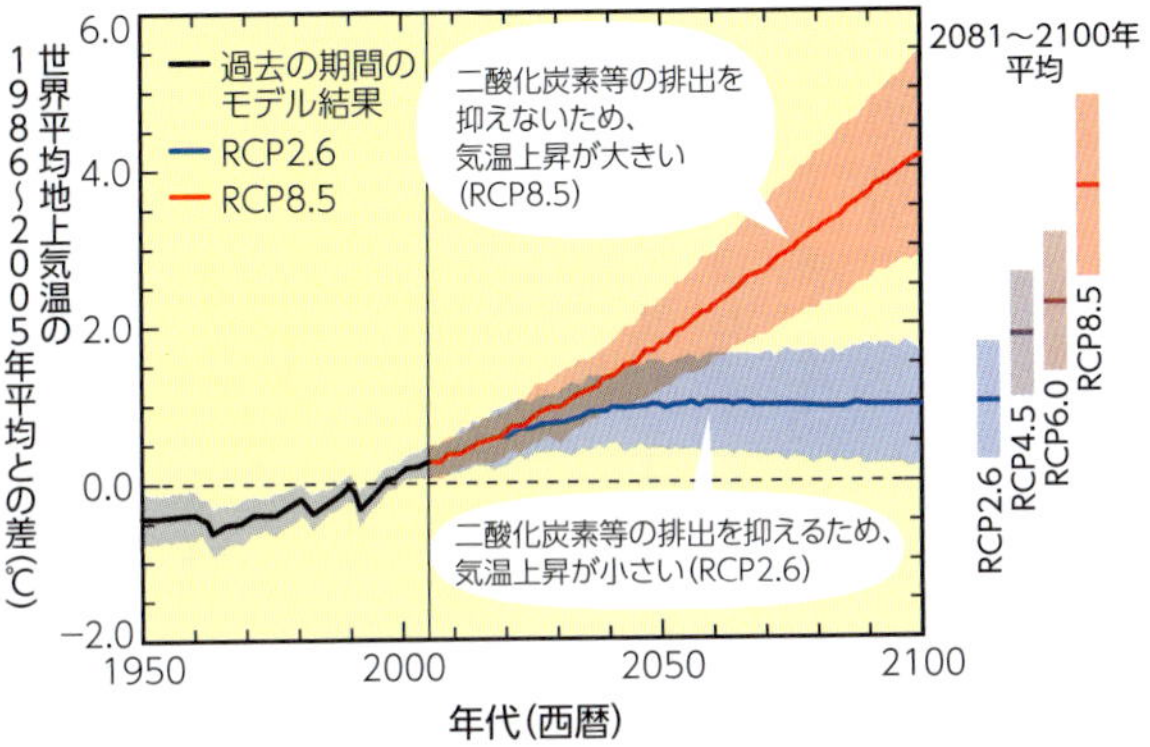

球が急激に温暖化した際にどのようなことが生じるのかを知る上で、こうした過去の類似例を詳しく理解することの意義はきわめて大きいといえます。

ちなみに、現在は間氷期であり、いずれは再び氷期が訪れることになるはずです。しかし最近の研究によれば、もし人類がこのまま二酸化炭素を出し続ければ、少なくとも今後10万年間は次の氷期は訪れないだろう、という推定結果が報告されています。

ですが、たとえ温室効果ガスの人為的な排出が停止したとしても、炭素循環の特性によって、気候変動の影響は長期にわたって続くのです。

2 遠い未来の地球

地球内部は現在でも熱く、地球表面ではプレートが運動しています。そのため、数千万~数億年という長い時間をかけると、大陸は移動し、現在とは大きく異なった海陸分布となります。今から2億5000万年前には超大陸パンゲアが形成されていました。しかしその後パンゲアは分裂し、長い時間を経て現在のような海陸分布が形成されました。では今後、大陸の配置はどう変わっていくのでしょうか。

プレート運動がもし現在のまま続けば、アフリカ大陸やオーストラリア大陸が北上してユーラシア大陸と衝突します。さらに太平洋プレートの沈み込みのために太平洋が縮小して、ユーラシア大陸と北アメリカ大陸が衝突することが予想されます。その結果、今から約2億5000万年後には、北半球において新しい超大陸「アメイジア（あるいはノヴァパンゲア）」が形成されると考えられています。

最近行われたマントル対流の数値シミュレーションによると、ハワイ諸島は約5000万年後までに日本列島付近に近づき、約1億5000万年後までにはユーラシ

●約２億5000万年後に予想される大陸配置

可能性の１つとして、約２億5000万年後に出現が見込まれるパンゲア・ウルティマ超大陸。南極とオーストラリアを除いた主要大陸が衝突してできる大陸である。

ア大陸とオーストラリア大陸が衝突することで、日本列島は間にはさまれて超大陸アメイジアの一部となる運命のようです。

一方で、南アメリカ大陸と南極大陸は、ほぼ現在の位置にとどまり続けるということです。

ただし、まだよく分かっていないことも多いため、別の可能性も議論されています。アメイジアの形成は、大西洋が拡大して太平洋が消滅することによってもたらされますが、実際には、大西洋が拡大していく過程で、アメリカ大陸東岸の西大西洋に海溝が形成されて、大西洋の海底の沈み込みが開始する可能性も十分あります。その場合、逆に大西洋は縮小に転じて、やがて消滅することになります。その際、アフリカ大陸は北上するため、北アメリカ大陸はヨーロッパではなくアフリカ大陸と衝突し、南アメリカ大陸はアフリカ大陸の南端からインドネシア半島にかけて横たわる可能性が考えられます。これは、超大陸「パンゲア・ウルティマ（あるいはパンゲア・プロクシマ）」と呼ばれています。この場合に、オーストラリア大陸と南極大陸がどうなるのかについては、まだよく分かっていません。

いずれにせよ、プレートテクトニクスが続く限り、海陸分布は時間とともに変化していくことになり、長い時間が経てば、〝世界地図〟は現在とはまったく変わります。大陸同士が衝突すれば、現在のヒマラヤ山脈のような大山脈がまた新たに形成されます。超大陸や大山脈の形成は、気候にも大きな影響を与え、植生の分布を変え、動物の生存競争は激化し、生物の進化や生態系の変化が促されるものと予想されます。

地球自身の巨大な営力によって、地球表面はこれからもその姿を絶え間なく変え続けていくのです。

3 生物の未来

遠い将来、地球上の生物は、どうなってしまうのでしょうか。

太陽はその進化とともに光度が増大していることを108ページで述べました。誕生したばかりの太陽は現在の約70パーセントの明るさで、約46億年かけて現在の光度になりました。太陽光度は1億年で約1パーセントの割合で増しており、この先もさらに明るくなっていきます。太陽光度、すなわち日射量の増大によって地表面温度は上昇しますが、地球は炭素循環の働きによって大気中の二酸化炭素濃度を低下させることで、地表面温度を維持しようとしてきました。この結果、二酸化炭素濃度は時間的に低下してきました。現在、大気中の二酸化炭素濃度は、地球史上、ほとんど最低レベルになっているのです。もちろん、二酸化炭素濃度は、現在の人間活動によって一時的に上昇していますが、やがて化石燃料が枯渇すれば、低下に転じることになるはずです。この二酸化炭素濃度の低下が、生命活動に大きな問題を引き起こします。

現在、ほとんどの生態系の活動を担っているのは、光合成生物による基礎生産です。光合成は、環境中の二酸化炭素を細胞内に取り込むことによって、二酸化炭素を固定する作用です。生物が行っている光合成の大部分はC3型光合成とC4型光合成です。

C3型光合成とは、C3植物（イネやコムギなど）が行っている光合成で、カルビン・ベンソン回路※を用いる一般的な光合成です。これに対して、C4型光合成とは、C4植物（トウモロコシや雑穀類など）が行っている光合成で、カルビン・ベンソン回路のほかに二酸化炭素濃縮のためのC4経路を持ちます。C3植物は二酸化炭素濃度が100ppm以下程度まで、C4植物は数ppm程度まで光合成が可能とされます。

しかし将来太陽が明るくなり、二酸化炭素濃度が現在の400ppmから、100ppm、さらには数ppm以下にまで低下すれば、光合成生物は炭素固定ができなくなり、光合成生物に依存した現在の主要な生態系は絶滅の運命をたどることになります。

原始的な微生物はそのような環境条件でも生存可能かもしれませんが、日射量のさらなる増加により地表面温度が100度を超えるような状況になれば、ごく一部の特殊なものを除いて、ほとんどすべての生物が絶滅することになるはずです。

これが地球における〝生物圏の寿命〟であると考えられます。太陽光度の時間的増大によって、二酸化炭素濃度が光合成限界に達するのは今から約9億年後、地表面気温が100度に達するのは今から約15億年後と見積もられています。

※カルビン・ベンソン回路は、光合成反応における代表的な炭酸固定反応。

● 生物圏の寿命

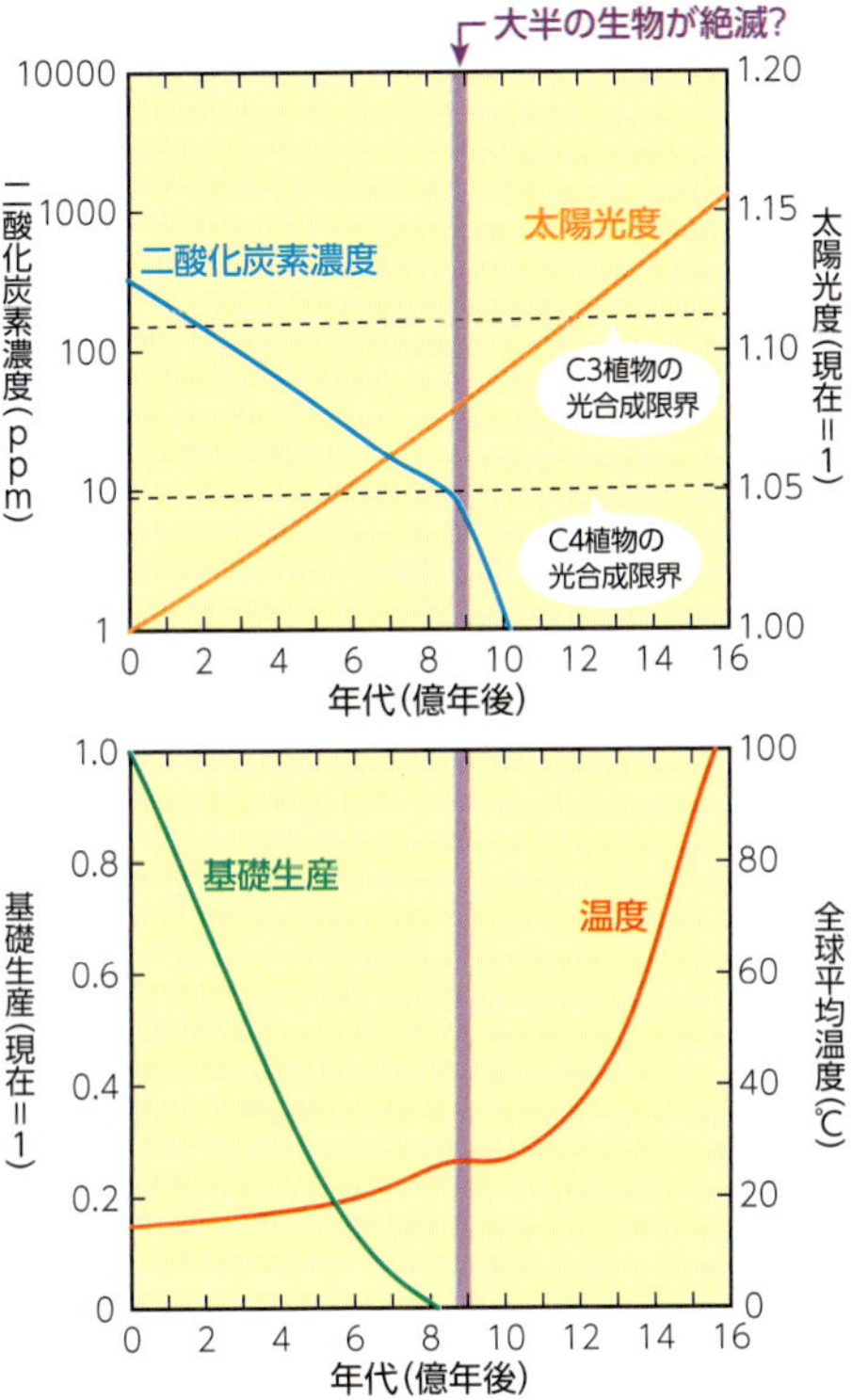

将来的には、太陽光度の増加によって大気中の二酸化炭素濃度が低下し、約９億年後には光合成による基礎生産が不可能となる。そうなると、大半の生物が絶滅を迎える。やがて海水が蒸発して、水素と酸素に分解され、水素が宇宙空間に散逸してしまう。

4 惑星としての地球の運命

さらに長い時間が経過すると、地球は温暖湿潤環境を維持することができなくなります。そのような長期的な将来像については、主系列星としての太陽の進化と惑星としての地球の進化の、両方の要因が重要となります。

地球環境は、もうしばらくの間は、炭素循環によって温暖湿潤な状態に保たれます。しかし、日射量が増大して大気中の二酸化炭素濃度がさらに低下することによって、炭素循環の安定化機構はもはや有効ではなくなります。そして日射量が現在の1・1倍を超して、地表面温度が80度を超えるようになると、蒸発した海水が、大気上層で光分解され、生成された水素が大気上端から宇宙空間へ散逸し、海洋質量に相当する量の水が約10億年で消失してしまいます。

この「湿潤温室条件」に達するのは、今から約15億年後と推定されています。そして、約25億年後までに海洋は消失してしまうと考えられます。この場合、いわゆる「暴走温室条件（海水がすべて蒸発して、水蒸気大気が形成されることにより、地表面温度は1200度以上にも達して、地表がマグマオーシャンに覆われる条件。日射量が現在の

1・4倍)」になる前に、海洋は消失してしまう可能性が高いことになります。

ただし、より詳細なデータを用いた最新の研究によると、湿潤温室条件と暴走温室条件は、日射量が現在のそれぞれ1・015倍、1・06倍であるという結果が得られています。もしこの推定結果が正しければ、地球はあと1億年余りで湿潤温室条件に達し、海洋が完全に消失する前に暴走温室条件に達する、ということになるのかもしれません。

一方で、地球は内部の熱を放出し続けているため、地球史を通じて徐々に冷却しています。このような地球の熱進化によって地球内部の温度は低下し、やがて岩石が溶けてマグマが発生できなくなる運命にあります。そして、現在の月や火星のように、地球も火成活動が停止してしまいます。そうなれば、地球規模の物質循環も停止することになります。すなわち、地球は熱進化の帰結としてその活動を停止し、惑星としての一生を終えることになるのです。

やがて太陽の年齢が約100億歳になるころ、太陽は中心核の水素を燃焼し尽くし、長い主系列段階が終わります。そのときの太陽の大きさは現在の1・37倍、明るさは1・84倍です。中心核がヘリウムだけになると、今度は中心核の周囲の水素が燃焼し始めます。この結果、太陽は急激に膨張を始めます。そして太陽は約122億歳のころに

●赤色巨星段階の太陽の想像図

膨張した太陽の影響によって、地球は最期を迎えることになる。

赤色巨星段階に入り、その大きさは現在の２５６倍（〜１・２ＡＵ※）、明るさは２７３０倍にも達します。巨大化した太陽の表面重力は弱く、太陽風を放出して33パーセントもの質量を失うと推定されています。この太陽質量の減少は、地球軌道が１・５ＡＵに後退することに相当します。しかしその一方で、太陽が地球に近づくために大きな潮汐《ちょうせき》作用が働くようになり、地球の角運動量が失われ、軌道が太陽に近づく効果が勝るらしいことが最近明らかになりました。結局、地球は太陽に飲み込まれることになる可能性が高いようですが、そうなる前に、地球は太陽からの熱によって急激に蒸発していくのかもしれません。

　このような地球の運命は、太陽の運命とリンクしており、誕生時から決まっているのです。

※天文単位。太陽と地球の平均距離にほぼ等しい。1 AU＝約1億4959万7870km。

5 地球と人類の行方

最後に人類の未来について少しだけ考えてみましょう。私たち人類はこれからどうなるのでしょうか。

ホモ・サピエンスという「種」としての人類には、おそらく寿命があります。過去の生物の化石記録の統計から、生物種は絶滅を繰り返してきたことが分かっています、そうした生物種の平均的な寿命は100万〜1000万年程度のようです。生物種としての寿命はまだ残されていそうです。

とはいえ、それは、本来的に偶然の要因に左右されるものと思われますので、残された寿命が保証されているわけではありません。

地質学的時間スケールにおいては、本書で見てきたようなさまざまな自然現象——氷期の到来、海洋無酸素イベント、洪水玄武岩を噴出する超巨大噴火、小惑星の衝突などが起こり、それによって生物の絶滅や生態系の崩壊などが引き起こされるかもしれません。そうなれば人類は壊滅的な被害を受けることになります。

こうした地球規模の自然変動を食い止めることは、たとえ科学技術がいかに発達したとしても難しいでしょう。

しかしそれよりもずっと以前に、科学技術の発達が意図しない結果をもたらして人類は絶滅してしまう、という悲観的な考えもあるようです。偶発的な核戦争、遺伝子改変された病原体の拡散による感染症の世界的大流行（パンデミック）、世界規模のテロリズム、人間の頭脳を超えた高度な人工知能や軍用ロボットの制御不能な誤動作や反乱、人口爆発や気候変動による食料や水資源の枯渇など、近い将来さまざまなリスクに直面するという可能性です。人類文明が非常に短期間で終わる可能性はありえない、とは誰も言い切れません。

実際、イギリスの物理学者スティーヴン・ホーキングは、人類はさまざまな大きなリスクに直面しており、残された時間はあと１００年程度しかないと考えました。そして、人類はほかの惑星系を探索するべきであり、地球の外に広がることこそが、人類が絶滅を免れる唯一の手段である、と主張しました。宇宙へ広がることは、人類の未来を完全に変え、そもそも人類が未来を持つかどうかを決定付けるかもしれない、とまで述べています。

アメリカの天文学者カール・セーガンも、人類とコンタクトする可能性のある地球外文明の数を推定する「ドレイク方程式」において、最も不確定な要素は「文明の存続期間」だと指摘しました。それは、一般に技術文明は自滅の道をたどる可能性も考えられるからです。

しかし、もし人類が宇宙からのメッセージを受け取ることができれば、それはその文明の存続期間が非常に長いことを意味しており、高度な技術文明を持ちながらも自滅を避けて生き延びる道があることを示しているという点で、きわめて意義深いとも述べています。我々はもっと宇宙に目を向ける価値がありそうです。

人類の未来が明るいのか暗いのかは分かりません。人類の近未来予測については、さまざまな議論がなされていますので、詳しくは専門家に任せたいと思います。

ただ、人類の英知を信じ、人類の未来には希望が持てること、人類の〝文明の寿命〟が十分に長いことを切に願いたいと思います。

先カンブリア時代	原生代	新原生代	エディアカラン	約6億3500万年前
			クライオジェニアン	約7億2000万年前
			トニアン	10億年前
		中原生代	ステニアン	12億年前
			エクタシアン	14億年前
			カリミアン	16億年前
		古原生代	スタテリアン	18億年前
			オロシリアン	20億5000万年前
			リィアキアン	23億年前
			シデリアン	25億年前
	太古代（始生代）	新太古代（新始生代）		28億年前
		中太古代（中始生代）		32億年前
		古太古代（古始生代）		36億年前
		原太古代（原始生代）		40億年前
	冥王代			約46億年前

付録 地質年表

地質時代の区分については、公式的には国際地質科学連合（IUGS）の国際層序委員会が「国際年代層序表」の形で公表している。ここでは、国際年代層序表を参考に作成した地質年表を掲載する。本書の内容の理解に役立ててほしい。

顕生代	古生代	デボン紀	後期	ファメニアン	3億7220万年前(± 160万年)
				フラニアン	3億8270万年前(± 160万年)
			中期	ジベティアン	3億8770万年前(± 80万年)
				アイフェリアン	3億9330万年前(± 120万年)
			前期	エムシアン	4億 760万年前(± 260万年)
				プラギアン	4億1080万年前(± 280万年)
				ロッコヴィアン	4億1920万年前(± 320万年)
		シルル紀	プリドリ		4億2300万年前(± 230万年)
			ラドロー	ルドフォーディアン	4億2560万年前(± 90万年)
				ゴースティアン	4億2740万年前(± 50万年)
			ウェンロック	ホメリアン	4億3050万年前(± 70万年)
				シェイウッディアン	4億3340万年前(± 80万年)
			ランドベリ	テリチアン	4億3850万年前(± 110万年)
				アエロニアン	4億4080万年前(± 120万年)
				ラッダニアン	4億4380万年前(± 150万年)
		オルドビス紀	後期	ヒルナンシアン	4億4520万年前(± 140万年)
				カティアン	4億5300万年前(± 70万年)
				サンドビアン	4億5840万年前(± 90万年)
			中期	ダーリウィリアン	4億6730万年前(± 110万年)
				ダーピンジアン	4億7000万年前(± 140万年)
			前期	フロイアン	4億7770万年前(± 140万年)
				トレマドキアン	4億8540万年前(± 190万年)
		カンブリア紀	フロンギアン	ステージ10	約4億8950万年前
				ジャンシャニアン	約4億9400万年前
				ペイビアン	約4億9700万年前
			ミャオリンギアン	ガズハンジアン	約5億 50万年前
				ドラミアン	約5億 450万年前
				ウリューアン	約5億 900万年前
			シリーズ2	ステージ4	約5億1400万年前
				ステージ3	約5億2100万年前
			テレニュービアン	ステージ2	約5億2900万年前
				フォーチュニアン	5億4100万年前(± 100万年)

顕生代	中生代	ジュラ紀	後期		チトニアン	1億5210万年前(± 90万年)
					キンメリッジアン	1億5730万年前(± 100万年)
					オックスフォーディアン	1億6350万年前(± 100万年)
			中期		カロビアン	1億6610万年前(± 120万年)
					バトニアン	1億6830万年前(± 130万年)
					バッジョシアン	1億7030万年前(± 140万年)
					アーレニアン	1億7410万年前(± 100万年)
			前期		トアルシアン	1億8270万年前(± 70万年)
					プリンスバッキアン	1億9080万年前(± 100万年)
					シネムーリアン	1億9930万年前(± 30万年)
					ヘッタンギアン	2億 130万年前(± 20万年)
		三畳紀	後期		レーティアン	約2億 850万年前
					ノーリアン	約2億2700万年前
					カーニアン	約2億3700万年前
			中期		ラディニアン	約2億4200万年前
					アニシアン	2億4720万年前
			前期		オレネキアン	2億5120万年前
					インドゥアン	2億5190万2000年前(±2万4000年)
	古生代	ペルム紀	ローピンジアン		チャンシンジアン	2億5414万年前(±7万年)
					ウーチャーピンジアン	2億5910万年前(± 50万年)
			グアダルピアン		キャピタニアン	2億6510万年前(± 40万年)
					ウォーディアン	2億6880万年前(± 50万年)
					ローディアン	2億7295万年前(± 11万年)
			シスウラリアン		クングーリアン	2億8350万年前(± 60万年)
					アーティンスキアン	2億9010万年前(± 26万年)
					サクマーリアン	2億9500万年前(± 18万年)
					アッセリアン	2億9890万年前(± 15万年)
		石炭紀	ペンシルバニアン亜紀	後期	グゼリアン	3億 370万年前(± 10万年)
					カシモビアン	3億 700万年前(± 10万年)
				中期	モスコビアン	3億1520万年前(± 20万年)
				前期	バシキーリアン	3億2320万年前(± 40万年)
			ミシシッピアン亜紀	後期	サープコビアン	3億3090万年前(± 20万年)
				中期	ビゼーアン	3億4670万年前(± 40万年)
				前期	トルネーシアン	3億5890万年前(± 40万年)

累代	代	紀	世	期		年代（現在）
顕生代	新生代	第四紀	完新世	後期	メーガーラヤン	4200年前
				中期	ノースグリッピアン	8200年前
				前期	グリーンランディアン	1万 1700年前
			更新世		後期	12万 6000年前
					中期（チバニアン？）	78万 1000年前
					カラブリアン	180万年前
					ジェラシアン	258万年前
		新第三紀	鮮新世		ピアセンジアン	360万年前
					ザンクリアン	533万 3000年前
			中新世		メッシニアン	724万 6000年前
					トートニアン	1163万年前
					サーラバリアン	1382万年前
					ランギアン	1597万年前
					バーディガリアン	2044万年前
					アキタニアン	2303万年前
		古第三紀	漸新世		チャッティアン	2782万年前
					ルペリアン	3390万年前
			始新世		プリアボニアン	3780万年前
					バートニアン	4120万年前
					ルテシアン	4780万年前
					ヤプレシアン	5600万年前
			暁新世		サネティアン	5920万年前
					セランディアン	6160万年前
					ダニアン	6600万年前
	中生代	白亜紀	後期		マーストリヒチアン	7210万年前（± 20万年）
					カンパニアン	8360万年前（± 20万年）
					サントニアン	8630万年前（± 50万年）
					コニアシアン	8980万年前（± 30万年）
					チューロニアン	9390万年前
					セノマニアン	1億 50万年前
			前期		アルビアン	約1億 1300万年前
					アプチアン	約1億 2500万年前
					バレミアン	約1億 2940万年前
					オーテリビアン	約1億 3290万年前
					バランギニアン	約1億 3980万年前
					ベリアシアン	約1億 4500万年前

索引

写真・イラスト協力

【p.14-15】© PantherMediaGmbH／ForYourImages
【p.22-23】© alexlmx／PIXTA（ピクスタ）
【p.40（右）】© teddycookswell／PIXTA（ピクスタ）
【p.40（左）】© number001／ForYourImages
【p.41】© zenstock／PIXTA（ピクスタ）
【p.42】© Warpaint／PIXTA（ピクスタ）
【p.45】© MIyabi-K／PIXTA（ピクスタ）
【p.56】© ALMA（ESO ／NAOJ／NRAO）
【p.58】©理化学研究所 坂井南美
【p.67】© studioworkstock／PIXTA（ピクスタ）
【p.81】©神奈川県立生命の星・地球博物館
【p.83】©アマデウス／PIXTA（ピクスタ）
【p.104】©東京大学 小宮剛
【p.124】© jboord／ForYourImages
【p.131】©大井手香菜
【p.169】© teddycookswell／PIXTA（ピクスタ）
【p.179（上）】© pixelchaos／PIXTA（ピクスタ）
【p.179（下）】© pixelchaos／PIXTA（ピクスタ）
【p.181（上）】© miro3d / ForYourImages
【p.182】© PantherMediaGmbH／ForYourImages
【p.183】© PantherMediaGmbH／ForYourImages
【p.198】© rufous／PIXTA（ピクスタ）
【p.221】© 国立科学博物館

その他のイラスト作成

渡辺信吾（株式会社ウエイド）

本書は、本文庫のために書き下ろされたものです。

田近英一（たぢか・えいいち）
1963年東京生まれ。1992年東京大学大学院理学系研究科博士課程修了。博士（理学）。専門は地球惑星システム学、地球史学、比較惑星環境学、アストロバイオロジー。現在、東京大学大学院理学系研究科地球惑星科学専攻教授。地球環境の進化や変動、地球と生命の共進化、惑星環境の進化や安定性など、幅広い研究を行っている。第24期日本学術会議会員。公益社団法人日本地球惑星科学連合理事・副会長。第29回山崎賞、日本気象学会堀内賞受賞。著書に『凍った地球』（新潮社）、『地球環境46億年の大変動史』（化学同人）、『大気の進化46億年 O_2とCO_2』（技術評論社）、『地球・生命の大進化』（新星出版社）などがある。

知的生きかた文庫

46億年《おくねん》の地球史《ちきゅうし》

著　者　田《た》近《ぢか》英《えい》一《いち》
発行者　押鐘太陽
発行所　株式会社三笠書房
〒一〇二‐〇〇七二　東京都千代田区飯田橋三‐三‐一
電話〇三‐五二二六‐五七三四〈営業部〉
〇三‐五二二六‐五七三一〈編集部〉
http://www.mikasashobo.co.jp
印刷　誠宏印刷
製本　若林製本工場

ISBN978-4-8379-8575-4 C0130

知的生きかた文庫

どうしてこうなった⁉ 奇跡の「地球絶景」

ライフサイエンス

不思議で神秘的、ちょっと怖くて圧倒的、そしてなにより美しい絶景の数々。大地・気象・生命・水…自然が創る驚きに満ちた景観をオールカラーで紹介！

ハッブル宇宙望遠鏡 宇宙の絶景

沼澤茂美・脇屋奈々代

スペースシャトルで打ち上げられた宇宙望遠鏡が25年間に撮影した、息をのむほど美しい衝撃の「宇宙画像」をカラーで紹介！ 宇宙の最新情報も満載！

知れば知るほど面白い 科学のふしぎ雑学

小谷太郎

温泉はどこから湧いてくる？ 人工衛星はなぜ落ちない？ なぜスマホで通話ができる？ 世の中に満ちあふれる素朴な疑問に科学で答える雑学の本！

知れば知るほど面白い宇宙の謎

小谷太郎

宇宙はどのように「誕生」したか？ 宇宙に「果て」はあるのか？ ないのか？「最期」はどうなるか？ 元NASA研究員の著者が「宇宙の謎」に迫る！

この一冊で「聖書」がわかる！

白取春彦

世界最大、2000年のベストセラー！〝そこ〟には何が書かれているのか？ 旧約、新約のあらすじから、ユダヤ教、キリスト教、イスラム教まで。最強の入門書！

C50358